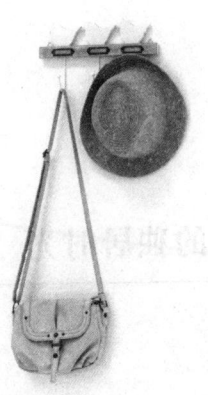

你好，
我 亲爱的
独居时光

龙颜 著

北京联合出版公司
Beijing United Publishing Co.,Ltd.

图书在版编目（CIP）数据

你好，我亲爱的独居时光 / 龙颜著. -- 北京：北京联合出版公司，2016.6 （2022.11重印）
ISBN 978-7-5502-7675-8

Ⅰ.①你… Ⅱ.①龙… Ⅲ.①女性－人生哲学－通俗读物 Ⅳ.①B821-49

中国版本图书馆CIP数据核字（2016）第091929号

你好，我亲爱的独居时光

作　　者：龙　颜
责任编辑：夏应鹏
特约编辑：汪　婷
特约监制：朱文平
封面设计：刘红刚

北京联合出版公司出版
（北京市西城区德外大街83号楼9层　100088）
印刷：三河市金泰源印务有限公司　　经销：新华书店
字数：180千字　　开本：900×1280　1/32　　印张：8
2016年6月第1版　2022年11月第2次印刷
ISBN 978-7-5502-7675-8
定价：35.00元

未经许可，不得以任何方式复制或抄袭本书部分或全部内容
版权所有，违者必究
本书若有质量问题，请与本公司图书销售中心联系调换。电话：010-87728748

序言 一个人了,也要快乐地生活下去

有这么一群人:她们一个人在陌生的城市工作、生活,没有父母在身边,爱情来了又去,租着城市里的一间房,有时候孤独,有时候自怜;有时候假装坚强和快乐,有时候又由衷地感慨自由的美好……她们中有我,也许也有曾经或现在的你。

我们生来孤独,所以害怕一个人。

而对于一个女人来说,"一个人"的状态似乎更加凄凉,但却是每个人都不可避免的人生历练。有谁会永远陪在你身边呢?父母可能远在他乡,恋人难保永远真心,朋友如浮萍飘荡来去,即使真有一人能相知相守,却还有死亡在前方等候……

我们迟早都会是一个人,对于女人来说,这个预言似乎更加残酷。但同处孤独,为什么有的女人生活潦倒,每况愈下;有的人却过得滋润惬意,把平淡的日子过成一首诗?一个人生活在天堂还是地狱,其实都在于你自己。

独居,并不是没有人爱。独居只是生活的一种方式,也是生命中随时会出现的状态。独居,并非是享受父母或他人给予的物质帮助,更

你好，我亲爱的独居时光

不是贪图享乐，逃避生活的某种责任，而是一种以坚强无比的方式去面对生活，不依靠任何人也能给予自己幸福的能力。

独居也可以不寂寞，甚至独居给人带来很多意想不到的好处：独居可以让你有自我发展的空间，还可以丰富自己的心灵。

年轻女子在她们最好的年华享受单身生活。这段经历不仅可以成为一段牢固婚姻的基础，而且，万一婚姻破裂，单身生活的经历还能成为她们坚实的后盾。

一个人也可以过得很幸福。每一个处在单身状态下的女性都要学会找到生活中的乐趣，摆脱孤独情绪，重塑内心强大的自己。也许在阅读的同时，你就会发现，一个人的时候，所有的事情都会变得专注，所有的平常都会呈现特别的瞬间。

不管你现在是单身还是热恋，是分手还是新婚，你都要明白：女人，不管何时，都要做好一个人生活的准备。生活中每天都可能发生各种狗血的剧情，即使什么都没有了，我们还有一颗勇敢的心来继续自己的人生。

第一章
安全：一个人的单人房

就算只剩一个人，天也没有塌下来。即使这个世界什么都在变，但仍有些东西值得我们坚守。

002　独居的理由

007　一个人找房子

012　一个人搬家

017　实用的防盗技巧

022　一个人的备用钥匙

026　一个人也可以住得很舒适

第二章
生活：一个人的就餐

一个人吃饭可以是件很寂寞的事，也可以是件很快乐的事。过去的已经过去，未来的还要继续，一个人的日子，就从习惯吃饭开始。

032　一个人别凑合
036　一人房，一人食
041　一个人的素食简餐
047　美食的治愈
052　一个人的小酌
057　学会给自己煲一碗暖心汤
064　一个人去餐厅吃大餐

第三章
思念：一个人的夜晚

异乡的夜晚总是黑得特别早，即使将孤独与不安锁进心里最深处，也会一点点偷溜出来。一个人的夜晚，是最容易天人交战的。

目 录

070　一个人没网的通宵

074　适合一个人看的电影

079　一个人的黑夜

084　独自失眠

090　一个人爱上看恐怖片

095　熬夜很危险

第四章
学习：一个人打发时间

　　一个人的时候，闲暇的时间一下子多了起来。这个时候更不能放纵自己，因为一个人的时候，时间是最宝贵的，你要做的事情还有很多。

102　列一张时间表

107　定时和朋友见见面

112　温暖的教堂

116　养宠物其实很麻烦

120　去看一次现场演出

125　看些真正的书

130　来一次短途旅行

第五章
成长：一个人的棘手问题

有些事情一个人做很快乐，有些事却是大忌。一个人住难免碰到一些解决不了的问题，不能逃避的时候，就去面对吧。

136　一个人生病没人疼
141　钱不知花哪儿去了
146　一个人的眼泪
151　一个人的家务活
156　警惕坏情绪
163　拖延症大爆发
170　一个人过节
173　快递二三事

第六章
充实：一个人的独立

两个人时悦他，一个人时悦己。一个人的独立是最重要的，不仅是在经济上，也适用于心理上。

目 录

178　为快乐而工作

184　看一次海

189　结交新朋友

193　一个人的花花草草

199　重回童年居住的地方

204　学点化妆技巧

第七章
梦想：一个人的坚持

　　不管你失去了什么，只要目标还在，一切就能够继续。即使生活欺骗了你，也要相信下一次会更好。

210　学会在压力下生活

215　试试找一份兼职

220　找到思想的归属地

224　永远不要放弃

第八章

等待：一个人的蜕变

一个人不能只会被动地等待别人爱的给予，一个内心强大的人，本身就是一个爱的发生器。

230　爱别人，从爱自己开始
235　多关心父母
239　寻找失去联系的往昔朋友
244　永远怀着一颗感恩之心

第一章

安全：一个人的单人房

> 就算只剩一个人，天也没有塌下来。即使这个世界什么都在变，但仍有些东西值得我们坚守。

你好，我亲爱的独居时光

独居的理由

现在社会有一个奇怪的现象：女生与人合租或者同住，大家都觉得很自然，但一个女生自己住，反倒会引起大家的好奇，觉得"一个女孩子干吗要自己住呢，好可怜啊！"如果是陌生人，自然可以不用去管他们怎么想，但如果是熟悉的人问起来，那只得搜肠刮肚地想一个理由出来：

"因为找不到合适的人一起住""因为不想被别人管""因为讨厌跟别人共用一个洗手间""因为一个人在外地念书""因为一个人住是最自在、最健康的生活方式嘛"……但是，有一个理由很少被人说出来，那就是："一个人住真的很快乐！"

在一个人住的日子里，你可以一个人去找房子，一个人收拾卫生，一个人体会时间的流动，因为一个人的时候，快乐和悲伤都会被放大，所以也就可以更加深刻地品尝到生活的滋味。

很多已经到适婚年龄却还没有成家立业打算的女性，最怕的就是

第一章 安全：一个人的单人房

被父母逼婚，其中，最有杀伤力的一句话就是："你现在年轻，怎么玩儿都行，那你老了怎么办呢？总不能一个人过一辈子啊！"让人无法反驳。

在很多人的意识里，"独居"是一种很不好的生活状态，很容易和"孑然一身""孤苦无依""孤独终老"等可怕的词联系起来。而一个独居的女人则是更为可怜的存在，为什么不与家人同住？没有男朋友？性格太过孤僻？没有朋友？总之，就是太可怜了。

2015年，是小橙从重庆来到北京工作的第四年，也是她选择一个人住的第四年。

作为一个标准的"北漂"，在她身边，像她这样选择一个人住的单身女性并不是少数。但是，她的很多朋友刚开始对她执意要选择一个人住的想法非常不理解，觉得她刚来北京人生地不熟，北京的房租又贵，和熟悉的朋友一起合住不仅可以减轻经济上的压力，还能互相照应，干吗要自讨苦吃呢？

对于这些朋友的担心，小橙笑着回击道："狮子都是一头一头的，绵羊才是一群一群的呢。"其实，小橙坚持一个人住的理由主要有三个方面：

第一，和朋友合租，虽然可以互相照应，但也会出现摩擦。双方碍于面子又不好说出来，时间长了，反而不好。自己住的话，可以随时邀请朋友过来同住，却不会有这样那样的矛盾。

第二，刚到一个陌生的地方，有熟悉的朋友同住固然可以令人有安全感，但也会让自己产生依赖心理，反而不利于开拓新的交际圈。

第三，也是最重要的原因：可以有自己的隐私空间，不用让别人忍受自己的一些小怪癖。所以，即使刚开始经济上有些压力，她还是坚持了自己一个人住的想法。

等到真正自己住了一段时间后，她才发现，其实一个人住的好处还不止这些，例如很多人担心的孤僻。一个人住不仅没让她离群索居，还让她家成了朋友聚会的集中地。每当有朋友想来北京出差、旅游的时候，都会找小橙的住处落脚。还有，一个人住的时候，心情不好可以黑着脸回家，不用挤出笑脸来寒暄；自己的东西爱怎么摆就怎么摆，没有人会去碰它们或把它们挪开；自己想吃什么，想去哪儿，不用跟任何人商量，等等。一个人住的时间长了，就会慢慢找到属于自己的节奏。

直到现在，小橙一个人住的房子已经从小隔间换到了独立的公寓，一个人生活的经验已经相当丰富，而原先那些选择一起合租的朋友，有的是经济宽裕了想换个大的房子，有的因公司太远交通不便，有的交了新的男朋友，有的则是因为失恋，也一个个脱离了集体的生活，开始以不同的形态享受着独居的乐趣，还经常来向小橙取经。

其实，我们每个人一生中都会遇到一段一个人住的时光。独居，不是生活的无奈，而是一种对生活的选择与掌控。要想更深入地了解一个人过的生活，有几个心理上的概念一定要搞清楚：

1.一个人住不等于孤独。

"一个人住""孤独"这两个概念虽然时有交集，但却不完全相

第一章 安全：一个人的单人房

同。孤独是一种自沉世界的独处，它展现出来的是一种圆融的高贵。但是寂寞不一样，寂寞是一种由虚无所引起的恐惧，往往是因为找不到前行的伴，而自己又没有办法好好地自处，所以内心非常焦灼，百无聊赖。

一个人是否感到孤独，和与她同居者的数量并没有明显的关系。现在一个人住，不代表一辈子会一个人住；现在有人陪伴，不一定一辈子都有人陪伴。就像朱自清先生说的那句"热闹是他们的，我什么也没有"一样。有时候，身边的人越多，反而会越感到孤独。

2.一个人住不等于孤僻。

一个人住不代表天天只能一个人待着。很多人对独居者有一种妖魔化的偏见，觉得他们自私、孤僻、阴暗、生活凄凉，其实真实情况恰恰相反。据一项调查显示，在那些主动选择一个人住的人里，大部分都比较富裕或阅历丰富。他们有足够的经济实力来维持自己的生活，而不用依靠他人，同时，他们也相当热衷于参加社会活动。

3.一个人住不等于单身。

小橙在一个人住的这几年中，也有过几次恋爱经历，但每次都会向对方郑重强调：只恋爱，不同居。这不仅是维持自己人格独立的良好手段，也是保持恋爱温度的最好方法。

虽然除了这些好处，独居的生活也会有些显而易见的坏处，例如安全问题。但是，孤独本就是一种人生的常态，没有人能够永远陪在你的身边，人们排斥独居，其实更多的是拒绝那种孤独寂寞的感觉。

事实上，一个人住并没有大多数人想象的那样可怕，它甚至是一个人生活中必然要经历的人生阶段。毕业的离家、陌生城市的打拼、独立、失恋、异国的求学……独居的理由可以有很多，但更多人选择一个人生活并没有什么特别的理由，只是顺理成章，就那样自然地发生了。既然不可避免，就勇敢地接受吧，一个人的生活也可以好好地过。

一个人住的必备条件

1.经济独立，保证每月租金不超过自己月工资的三分之一为宜。

2.有一定的生活自理能力。

3.会做简单家务。

4.有很强的心理素质。

第一章 安全：一个人的单人房

一个人找房子

如果你已经决定要开始一段一个人的生活，有一个现实问题首先需要解决，那就是"住在哪儿"。孤身在外没有亲人可依靠，中介公司鱼龙混杂，交通方便的地方又小又贵，单身公寓担心安全问题，郊区的房子又大又明亮，但又不想离朋友们太远……

好不容易相中了一套房子，却还有更大的挑战在等着你：租赁合同、中介公司、房东、租住期限、房屋检查等，都要靠自己一步一步去搞定。虽然一个人去交涉难免心慌，但完成以后的成就感也非常值得回味。

夏天在找到房子之前，先在朋友家暂住了一段时间。虽然已经决定了要一个人搬出去住，但自己工作的地点还没有确定，具体去哪里找房子也就没有特别的计划。万一先找到了房子，却离工作的地点很远，岂不是白忙一场？所以，她给自己准备了一个"圆规战略"——圆规的两只脚，一只是工作，一只是住处，只要先确定了一个，另一个也就方便解决了。

你好，我亲爱的独居时光

在等待工作录取通知的时间里，朋友出去上班，夏天自己在家闲得无聊，于是上网查看房产招租信息，顺便提前了解一些一个人生活的经验。她还看了日本漫画家高木直子的《一个人住第五年》，因为画得太有趣，让她对即将到来的独立生活充满了憧憬，恨不得立刻搬出去才好。

终于，她的圆规的一只脚确定了，她顺利接到了一家公司的录取电话。接下来，就要进入找房阶段了。可真正开始后，她才意识到：那些在漫画里看着很有趣的东西，在现实生活中可不是那么有趣，而且那些适用于日本的找房子攻略，也并不符合中国国情。

首先，自己不是自由职业者，公司在繁华的市区，所以在郊外找便宜房子的计划行不通，她可不想把每天的自由时间都花费在挤公交和地铁上。

其次，日本漫画里那种适合单人居住的单身公寓，在她所在的城市中并不常见。她找了几家中介公司，说出自己的要求：要一个人住，房租在一千左右，交通要便利，不要合租。结果他们都连连摇头，直说"不可能"。夏天这才无奈地意识到，以她能开出来的价位，顶多是与人合租一个隔板间，想自己拥有一居室简直是痴人说梦。

住不起酒店公寓，又不想与人合租，难道真的就别无选择了吗？

她突然灵机一动，想起了以前看过的韩剧中有女主角因为没钱所以租住阁楼的场景，一个人住在阁楼上，可以迎高远眺夕阳，又没有人打扰，光是想想就觉得相当浪漫呢。

想到这儿，她立刻去一些租房网站上搜索有关跃层和阁楼的信息，一番搜索下来，还真让她找到几个，便迅速和对方约好了看房时

第一章 安全：一个人的单人房

间。挨个儿看下来，却让她大感失望。这些所谓的阁楼与韩剧里的大不一样，不光地方狭小，采光也不好，阁楼上没有单独的卫生间，楼梯还吱呀吱呀的。有一个阁楼里，床的旁边竟然挨着一块落地玻璃！感觉翻个身就会掉下去，让她出了一身冷汗。

一连找了一周，却没遇到一套可心的房子，夏天也开始急躁起来，总不能一直赖在朋友家中，要赶快搬走才好啊。房子成了她的一块心病。某天下了班，夏天没有急着回"家"，她沿着街边慢慢溜达，走进了不远处的一个小区。只见小区里面环境优雅，离公司也近。闻着不知从哪家飘出来的饭香，夏天心想：要能住在这里就好了，可惜啊！她叹了一口气，准备出门。走到门口值班室的时候，她还是不甘心，便向值班的保安打听知不知道有哪家出租房子。

没想到，保安闻言眼睛一亮：还真有！原来，小区里一个房主要出国学习，觉得房子空置很浪费，便想把其中的一间出租，这样自己逢年过节回国的时候还能住。因为是自家房子，所以房主对房客非常挑剔，而夏天单身，女孩，有正当职业，正好满足了她的需要。两个人一拍即合，当天就签订了合同。很快，夏天顺利入住了。

这可真是应了那句话：踏破铁鞋无觅处，得来全不费工夫。夏天在舒了一口气的同时，也通过这次经历，学到了不少找房子的技巧：

1.远离黑中介，尽量和房东直接签合同。

有些黑中介公司资质不够，在租赁合同上巧立名目，设立霸王条款。不仅随意拆改房屋结构，还随意增加收费，恶意曲解合同，十分不安全。应该尽量通过正规的中介公司或熟人介绍寻找房源，多关注出租信息，有些标明个人出租的可以优先考虑。除此之外，像夏天一样去心仪的小区问问保安等,碰碰运气也是不错的办法。

2.网上房源要亲自查看。

现在有很多网站,例如赶集网、58同城、租房网等都有房屋租赁的信息。但网上的房源有时不可靠,所以在打电话与房产中介人或房主联系之后,一定要亲自去看一看房子。

那么,看房子的时候应该注意什么呢?

首先,看房间的光线是否充足,看房时间最好选择下午三四点钟,这个时候观察最方便;其次,要看房子附近的交通是否方便。有些房子介绍中虽然写明了"距地铁五分钟",也不要轻易相信,要亲自验证一下;再次,要看房子的周边配套,确定超市、银行、快餐店、医院、菜市场等基本配套的大致距离。最后,可以向附近的居民打听一下这里的治安状况,确保万无一失,不能自己想当然。

3.如果在几处房源中犹豫不定,优先考虑交通方便的地区。

如果几处房源的位置距离工作地点的距离差不多,优先选择不需要中途换乘的房源。选择地区的时候,最好选择熟悉的小区或经常去的地方。与父母、公司、好朋友临近的小区也是不错的选择。

另外,有过找房经验的人都知道,好房子可遇而不可求,不仅要有个好体力,还要有好眼力和好脑子。如果看的房子较多,可以随身用照相机或手机将房屋内部拍下来,方便最后对比。

虽然找房子的过程又累又心酸,还要随时与中介公司斗智斗勇,但找到心仪的房子的成就感也是不言而喻的。因为这个千挑万选得来的小地方,就是你新生活的起点。

第一章 安全：一个人的单人房

一个人租房入住前必须做好的几项工作

1.记录水、电、气表已用数字：

和房主或中介公司签订合同之前，要当面在合同上记录房屋水、电、气表的已用数字，方便在退房时结算这一部分的费用，防止出现乱收费的现象。

2.检查屋内提供的家具、家电：

仔细检查房主提供的家具、家电的完好性，将房主提供的家具、家电的品牌、名称、数量用一张专门的表格罗列清楚，并重点检查卫生间的淋浴房、浴室柜、浴缸、抽水马桶和厨房的上、下水，以及橱柜、洗菜池、灶具、油烟机等是否可以正常使用，并在每一项之后记录下这些物品的完好程度、有无破损等情况，最后请原房主或中介公司签字确认。

3.检查房屋的实际状况：

可以先看一下房屋的门窗是否完好，屋顶是否存在渗漏，浴室镜子上是否有裂痕，墙壁上有没有渗水、发霉的地方，插销面板、有线电视、网络出口、水龙头排水是否可以正常使用等，如果有不妥的地方应联系房主提前修缮。另外，即使是非取暖季节，也别忘了检查取暖设施。

一个人搬家

"搬家"这个词,对于刚刚开始一个人住的新人来说,并没有什么实质的概念。反正所有的行李就是一个手提箱和几件换洗衣服罢了,走到哪儿都轻装简从,说走就走。可是,对于某些已经一个人住了一段时间的人来说,每一次搬家都不亚于一场小型战役。

你不仅要将自己所有的生活用品都装进几个行李箱,还要像蚂蚁搬家一样来回运转。如果找搬家公司,虽然省了很多事,但还要时刻提防,怕他们会把重要的东西弄丢。等好不容易搬完了,还要再一个个地拆包、收拾。稍没耐心,就会滑进崩溃的深渊……

周六的上午,晓蓓正在做一个无比美好的梦,梦中的她正在一个花园中散步,远处飘来若有若无的乐声,突然一个男人窜了出来,对她大喊:"把钥匙交出来!"她一个激灵,脑子瞬间清醒了,"原来是做梦啊!"她嘟囔着小声抱怨,按停了一直在耳边循环播放的手机闹

第一章 安全：一个人的单人房

铃——《春江花月夜》。就在她翻身的同时，她感到了全身上下同时发散出来的一种放射性的疼痛，这才发现，自己竟然在昨天的打包途中睡着了。

在这次搬家之前，晓蓓从来没想过搬家是这样一件耗费生命的事情，但是自己一个人在这个大城市中，朋友又很少，本来答应这周帮忙搬家的朋友却出差了。难道真的要像蚂蚁搬家一样，自己一个人坐轻轨一点点地搬吗？她对自己的体力产生了深深的怀疑。要知道，光是打包房子里的东西就已经让她筋疲力尽了。

但是，生活似乎没有对她显露出一丝丝的同情。新房子的合同已经签好，八月一号开始计算房租，但现在就可以入住。现在的房子七月二十九号中介来验收，而现在已经是二十五号，也就是说只有四天的时间了，想到这儿，晓蓓的心里就涌起阵阵的绝望来。

一年前，晓蓓大学毕业后不顾家里的反对，加入了"北漂"一族，虽然已经做好了吃苦的打算，但现实比想象中的还要艰难百倍。刚来北京时工作不稳定，为了节省房租，她找了一个房租七百的小隔间，和七户人共享一个厨房和一个卫生间，与其说是"房间"，还不如说是"过道"来得更为贴切。住了一年后，生活中好的坏的都发生了一些，但总归是有了些起色和希望，所以在这次房租到期后，晓蓓决定改善一下自己的居住环境——搬家！

为了验证一下自己的体力，晓蓓先带了几个小点的箱子，决定试试水再说。虽说这次不用和人合租了，但是地方更加偏远了，从现在住

你好，我亲爱的独居时光

的地方到新家，需要经历"步行—公交车—换四趟地铁—再公交车—再步行"这一漫长旅途。在各种交通工具间不断切换，等晓蓓终于走到新房门口的时候，已经是下午一点半了，整整在路上折腾了四个小时。晓蓓心想：如果靠自己这么一趟趟地搬家，就算真有这样的体力，时间也是来不及的。

仿佛给自己找了一个偷懒的理由一样，晓蓓还是找了搬家公司，虽然价钱抵上了她半个月的生活费，但毕竟人家是专业素质，三下五除二就把所有的东西都搬上车。等收拾停当了，看着满满一车的东西，晓蓓不禁感到诧异：我怎么会有这么多东西！并立刻做出了一个决定：衣服、鞋子太多了真的不是件好事，以后购物时可买可不买的东西绝对不买，能扔的东西一定要狠心扔掉！

这时，她看见一个女孩提着一个行李箱和大包小包从对面的公交站台缓步走来。她们相视一笑：又是一个独自搬家的女孩……

假如现在的你正准备开始一项艰巨的任务——搬家，并且没有搬家公司的帮忙，感觉无从下手的时候要怎么办呢？下面介绍一些搬家的小技巧，可以帮你渡过难关。

1.收集可回收的箱子。

如果要搬运的东西很琐碎，例如图书、衣服等，可以用大个的纸箱来帮助这些东西分类。如果手头恰好没有，可以去你附近的便利店或者小区商店里询问一下，他们可能会在卸货的时候留下很多包装箱。如

第一章 安全：一个人的单人房

果你态度良好，可以免费拿到也说不定。

2.学会贴标签。

如果搬家需要打包的东西太多，很可能会在搬运的过程中混淆。不仅会找什么东西都找不到，还会在安置的时候变得异常麻烦。这个时候，你可以准备一些彩色的便笺贴纸，根据打包物品的不同种类来用颜色做标记，例如粉红色代表浴室，蓝色代表卧室，红色代表易碎物品等，来给自己提个醒。

3.给自己留出充裕的时间。

搬家的时候，你需要收拾的东西永远比你认为的要多得多，不要妄想可以临时抱佛脚，快速收拾停当。如果准备搬家，一定要留出至少三四天的时间来好好收拾，才不会太过匆忙。

4.时刻保持冷静。

搬家搬到一半是情绪最容易崩溃的时候，最好找几个朋友来帮忙。如果是找搬家公司，也不能做"甩手掌柜"，要盯紧你的东西。

5.学会求助。

有些事并不一定非要"自己的事情自己做"，如果觉得自己的力量有限，别不好意思向你的朋友或家人求助。

一个人生活的不容易，一个人生活的艰辛，会在一个人搬家的时候体会得淋漓尽致。陌生的城市，陌生的街道，周围匆匆走过的人的冷漠面容，似乎都在默默地向你宣告：你从来都没有真正融入这座城市之中。

一个人搬家，可能是一段新生活的开始，也可能是一段感情的终结。不管是欢乐还是痛苦，终有一天都会过去，而那过去了的，都将变成美好的回忆。

一个人搬家的打包技巧

1.易碎器皿打包：先将碗、盘、杯子分类，再分类装箱。碗、盘、杯子应一个一个地用报纸或塑料薄膜分开包起来。装箱的时候，把盘子放入箱子下层，把杯、碗倒扣着放入箱子上层。

2.行李打包：被褥、枕头等寝具，可以用旧被单包裹后，放入可压缩的收纳袋中进行压缩，以便减小搬运面积。

3.电器打包：电脑、电视机、饮水机等可以不用打包，但这些电器的插座和电源线要打包放进一个小纸箱里，以免用的时候找不到。

4.书本打包：整理好后用包装带十字形捆绑住，转折的地方用厚纸板保护，装入小纸箱中，一次不要装太多，否则不易搬动。一些重要文件和书本之类，统一装进一个纸箱里。

5.贵重物品要自己随身携带，以防乱中丢失。

第一章 安全：一个人的单人房

实用的防盗技巧

很多一个人住的女孩子都是因为工作的关系，远离家乡，独自在一个陌生的城市里打拼。平时打电话回家，也都是报喜不报忧，每次挂电话之前，父母都会在电话里反复叮咛："女孩子一个人在外面要注意安全，锁好门窗，不要给陌生人开门……"不管你有多么不耐烦，他们都总是依然如故。

其实，在父母的眼里，自己的孩子永远只是个小孩子。不管你现在的成就有多大，不管你赚了多少钱，他们唯一希望的就是你的健康、平安……

诗诗是在年关将至的时候搬到现在的新居的，因为过年时来租房的人不多，所以租房的价格比旺季的时候低了不少。房东很和气，还亲自带她去看房。

房子是在一个老式的小区里面，小区没有门禁，门口只有一个传达室,保安在里面悠闲地喝着茶水。虽然房子外面看起来破破烂烂的,但里面装修是崭新的。据说这里本来是房东给儿子准备的新房,后来小两口自己买新房了,这套房子也就没有用上。诗诗在房子里转了两圈,对房子的格局和布置都很满意,于是就这么顺利成交了。

临出门的时候,房东突然随手指着门上一处被撬的痕迹说:"这一带是老城区,安全措施做得不好,偶尔会有小偷,你最好找个朋友一起住,互相也有个照应。""啊?"这句话把诗诗吓得不轻,她本就打算一个人住,哪有朋友可以照应啊?当下她就想换地方,但是房租已交,合同已签,这时候违约的话,白白没了违约金不说,还到哪儿去找这么便宜的房子啊!她内心纠结了一会儿,最后决定先住住看。

因为没有什么行李,拿到钥匙的第二天,诗诗就搬了进来。还别说,这房子除了可能有房东所说的安全隐患外,住起来十分舒服。而且她所在的楼远离马路,非常安静。不过为了安全起见,诗诗还是把几件从爸爸那里拿来的男士衣服挂在了阳台上,制造出一种"家有壮汉,生人勿进"的假象来。虽然明知是假的,但看着爸爸的衣服在,诗诗心里也安定了不少。

就这样提心吊胆地过了几周,什么事也没有发生,诗诗对周围的环境也慢慢熟悉了起来。随着年关将至,最近小区内入室盗窃的案件又多了起来,诗诗的心里又咯噔一下紧张起来。

周末的晚上,诗诗正在家里心情很好地大扫除,突然听到外面传

第一章　安全：一个人的单人房

来急促的敲门声，声音又重又急，把诗诗吓了一大跳：自己在附近又没朋友，知道自己住在这儿的人也不多，有谁会来找自己呢？她决定按兵不动，一直等到敲门的声音消停了，诗诗才慢慢走到门口顺着猫眼向外看，人却已经走掉了。

诗诗靠在门上惊魂未定，到底是谁呢？是小孩子胡闹还是来踩点的小偷？会不会有他的同伙在外面，等我一开门就立刻冲进屋子？或者趁我半夜睡觉偷偷溜进来？种种危险的画面一连串地在诗诗脑海中闪现，她再也坐不住了，打开电脑开始找防贼防盗的技巧，并立刻在家里布置起来。

首先，诗诗把外边的大门用钥匙反锁，并插好插销，然后又把在玄关处的鞋柜搬过来抵在门后，还在门边放了一个花瓶，这样小偷推门的时候就会碰倒花瓶，最后，把厨房、卧室的灯都打开，还把电视开出很热闹的声响，给小偷营造出一个"很多人在家哟"的表象。把这一切做完，她才提心吊胆地开着灯睡着了。

经历了这场风波以后，她的防盗意识越来越强了。为了不让不法分子发现自己是一个人住而有机可乘，她也想了不少应对之策。例如，网购的东西从来都是在单位签收；平时节假日她也会请一些朋友来家里玩儿；天黑以后尽量不自己一个人出门，回家进门后一定会立刻关好房门；如果手里提着很多东西，一定会提前把钥匙准备好，等等。

由于她的谨慎小心，她终于平安地度过了这一段"不安全"的日子。直到一年后搬走,也再没遇到过陌生人敲门的情况。而这段防贼防盗的日子,也让她迅速成长起来,就像她信奉的一句话一样:"去爱所有人,信任一些人,不伤害任何人。"学会保护自己,才有能力去保护更多的人,不是吗?

但是,最后还是要提醒各位一个人住的女孩,如果真的发现有小偷入室偷窃,即使你发现了,也不要立刻大喊大叫,最好的办法是继续装睡,等小偷走了以后再立刻报警。毕竟钱财乃身外之物,先保证自己的安全才是最重要的。

一个人住的防盗须知

1.在门口、窗台这些可以进出的地方,摆一些盆栽、小饰品、风铃什么的,这样有人进来可能会撞到一些东西发出声音。

2.晚上在家的时候要关好窗户,拉上窗帘,不要让人从外面一眼就看到里面的情况。

3.阳台上不要放贵重物品。

4.家里不要放太多现金,贵重物品要收藏好。

5.多和邻居搞好关系,可以互相照看,不要只在停水停电时才想到去敲门。

第一章　安全：一个人的单人房

6.如果是租房子，附近的治安很重要，地段不要太偏。

7.不太熟的朋友、刚认识的同事，不要随便带回家玩，也不要让他们知道你家的具体住址。

8.至少有一个当你忘带钥匙可以去借宿的朋友。

9.记住离你最近的辖区派出所的电话，这样报警最快。

10.在陌生人面前，最好不要谈及自己的工作单位和收入，越含糊越好。

一个人的备用钥匙

一个人住一个房子，出出进进都是自己一个人，最怕的就是忘带东西。因为没有别人可以拜托，每次出门的时候都会在嘴里默念：手机、钥匙、钱包，手机、钥匙、钱包……确认好几次才敢锁门离开。有时甚至怀疑自己是不是得了强迫症，刚刚走到楼下，就忘了自己有没有关门，然后忍不住飞快地跑上楼看一眼。

就算这么小心，还是难免会陷入忘带钥匙的尴尬处境。结果，守在家门口却有家不能回，叫天天不应，叫地地不灵，找个开锁公司花钱不说，还总担心换锁以后的安全问题。一个人住啊，要操心的事还真不少……

因为公司临时的加急任务，直到晚上八点，菲儿才结束加班，和几个朋友一起相约出去吃个夜宵。如果是在二、三线的小城市，八九点钟街上就已经人烟稀少了，但在大城市，这个时间是很多人夜生活的开始，街上熙熙攘攘，好不热闹。

第一章 安全：一个人的单人房

菲儿和几个朋友见面后，说说笑笑地准备找地方吃饭。突然，菲儿感觉自己的包被猛地拉扯了一下，她下意识地用手一摸，竟然摸到了一只冰凉的小手。她吓得惊叫一声，回头一看，发现一个矮个子的小男孩顺着街边飞快地跑走了。随行的朋友们也都被这一幕惊呆了，大喊"抓小偷！抓小偷！"但哪里抓得住，街上早就看不见小偷的人影了。

朋友们见追不上了，赶紧围拢过来对菲儿说："快看看丢什么东西了，咱们赶紧报警！"菲儿这才缓过神来，打开包连忙翻找，心里扑通扑通直跳，嘴里还念叨着：钥匙……钥匙千万别丢啊！幸好，最后发现钥匙装在一个侧兜里，安然无恙。菲儿悬着的心才放下。

结果，朋友急了："大姐，赶紧看看钱包、手机什么的丢没丢呀！管钥匙做什么！"菲儿这才如梦方醒，赶紧又是一通乱找，幸好发现及时，什么都没有丢。

到了吃饭的地方，几个朋友拿这件事取笑菲儿："你可真是视钱财为身外之物啊，遇到小偷先担心的是钥匙丢没丢。"菲儿尴尬地笑笑说："我的现金不多，卡丢了也可以再补，但钥匙要是丢了，我今晚就要露宿街头了。"在一个月内经历了两次钥匙不见的悲惨事件之后，菲儿已经深深地了解到：对于一个一个人住的单身女生而言，钥匙的重要性绝对大于钱物。

菲儿记得，自己第一次忘带钥匙是在刚搬家不久，因为以前没有带钥匙的习惯，就习惯性地遗忘了，结果一回家，傻眼了。不过那次运气还比较好，在紧急联系了房东之后，房东亲自赶过来给她开了门，还给了她一把备用钥匙，提醒她下次不要忘了。

结果,房东的好心根本没起到任何作用。没过几天,同样的事故就再次上演,不过这一次的运气就没有那么好了。因为要出门取快递,而快递的包裹又比较重,所以菲儿就出门搬了一下。结果,她的前脚刚出门,后脚门就被风吹得关上了。只听"哐当"一声,留下菲儿自己一个人穿着睡衣在风中凌乱。

等回过神来,菲儿的第一个动作是,撞门!结果自然是撞不开,想去找房东来开锁吧,手机没有拿,朋友的手机号又记不住。在门口愣了半天,还是穿着拖鞋冒着寒风出门找了物业开锁。结果花了一百多块才把门打开,心里还忐忑好久觉得不安全……从此以后,钥匙就成了菲儿的一块心病,出门最怕自己没带钥匙,常常是检查了又检查,心里都是悬着的。

当菲儿给朋友们讲完自己的遭遇后,朋友们也七嘴八舌地给她出了很多主意,其中有"天真派":"你可以在钥匙上栓根绳挂在脖子上!";有"空城计"派:"把备用钥匙藏在门口的报箱上面/门垫下面/电表箱、门框上面等不隐蔽的地方!";有"藏宝派":"把钥匙埋在单元门对面的第二棵大树下!";有"务实派":"留一把钥匙放在朋友家!";有"高科技派":"买一个开门关门语言提示器,每次出门都会提醒你"等种种方法。

这些方法虽然听上去不错,但各有利弊。菲儿认为把钥匙挂脖子上虽然保险,但一个成年人这么做,未免也太二了;用语言提示器很方便,但每次听见提醒"关水、关电、关煤气,带好钥匙"的电子音时,都会感觉自己离老年痴呆已经不远了;而把钥匙藏起来又不保险,只有

第一章 安全：一个人的单人房

把备用钥匙放在朋友家算是最靠谱的建议，但是朋友们都住得分散，关键时刻不一定能找得到人，万一把电话忘记了，也是一样找不到人。

最终，菲儿还是延续自己之前"狡兔三窟"的方法，准备三把钥匙，一把随身携带，一把放在朋友处，还有一把放在办公室抽屉里。果然，类似忘带钥匙的事件再没发生过。

所谓生活，都是由一些很琐碎的小事组成的，像没带钱包、没带钥匙等事情虽小，但如果是一个人住，却着实是让人头痛的事情。如果是和家人或朋友同住，只要联系他们就解决了，但一个人的时候就要万事靠自己。如果不想发生类似的乌龙事件，还是好好把钥匙保管好吧！

一个人如何避免被锁在门外

1.如果是租的房子，房东或中介公司会有备用钥匙，可以联系他们帮忙开门。

2.打110报警，他们会给你提供正规的开锁公司。不要贪便宜去随便找人开锁。

3.换一个只能用钥匙锁门的门把手。

4.在门上挂一块大的记事板，写上要带的东西，每次出门之前对照一下。

5.买一个关门提醒器。

6.准备一把备用钥匙放在信任的朋友处，并记住她的电话号码。

一个人也可以住得很舒适

对于大部分准备一个人住的人来说,选择一个人住,可能是为了躲避父母过度的关怀,可能是人在异乡的无奈,抑或仅仅是一种生活的过渡阶段。由于心里并没有把这里当成最终的家,一个人住的时候难免选择凑合了事——不知什么时候就搬走了呢。

虽然有时候也很想营造一个温馨舒适的生活环境,但因为这种"暂住"的心态,即使想买一些很好看的家居饰品或高档的生活电器,可转念一想:反正是个临时住处,何必这么费事呢,也就作罢了。其实,这不过是给自己找的一个偷懒理由罢了。我们活在世界上,不也是暂住而已吗,越是一个人,越不能随便委屈自己。

夏末秋初,小爽第一次自己出来租房子,而且是一个人住。刚开始的半个月里,每天都奔波在面试、找工作中,根本没顾得上想独在异乡的陌生和害怕。可一闲下来,一种不知身在何处的无力感就席卷而来。

尤其让她不适应的就是现在的生活环境,因为刚毕业资金有限,

第一章 安全：一个人的单人房

只能在熟人的帮助下租了一个小开间。每次回家一打开门，一个雪洞一样的小屋子就尽收眼底：四面白墙，一张办公桌，一把椅子，一个水壶，一张单人床，一台老旧的电视机，一个淡黄色的小衣柜，这些就是里面的全部家当，搭配在一起，不知怎么就透出了一种浓浓的廉租房的感觉，让她无比怀念以前家里的温馨。

虽然有时候也想装扮一下房间，但由于心里并没有认同这就是自己的"家"，总觉得每天像做客一样。直到某天晚上，在小爽又一次半夜醒来，被"家徒四壁"的现实刺激得无比心酸的同时，也暗暗下了一个决心：一个人住，也要舒舒服服、干干净净，有花，有草，有音乐，还有零食和电视剧，哪怕住一天也要住得开心！

想到这儿，她说干就干，半夜三更就把家里所有的家具都挪开，先跪在地上把地擦干净，然后把角落里的垃圾都收拾起来，丢得到处都是的衣服统统塞进衣柜。做完这些，小小的屋子立刻就看着有"人情味儿"了不少。折腾了一圈下来，小爽也睡意全无，她索性打开电脑，饶有兴趣地看日本的综艺节目《全能住宅改造王》，每次看到这么狭窄的房屋被改造得焕然一新，心里就痒痒的，恨不得立刻也把自己"家"大装一番。

可是理想和现实还是有差距的，真着手做的时候，却发现没有那么容易。首先，自己的预算不足，大件家具怎么说也要好几百，搬家的时候还不能搬走，太不值了；其次，房东不允许房客对房子自行改造，连钉个钉子都不准，可发挥的空间就又少了一块。有没有什么既省钱又有效的家居装饰技巧呢？

于是，在等待公司录取结果的这段时间内，小爽对自己的房子来了一个"省钱大改造",并从中获得了不少经验。

1.自己DIY:省钱指数★★★★,难度指数★★★★☆

网上虽然有很多自己DIY简单家具的教程,但需要很强的动手能力,还需要购置各种工具,如果对木工十分感兴趣,或者非常有耐心,可以尝试照着做一下。对于像小爽这样动手能力一般的人来说,使用旧家具改造可以省时又省力。

如果租房时带的家具较旧或款式较老,可以对旧家具进行一些翻新,例如在旧沙发上罩一个自己喜欢的沙发套,在老旧的桌子上铺一块好看的桌布。

2.逛逛二手市场:省钱指数★★★★★,难度指数★★★☆☆

在逛小区论坛或者同城论坛时,经常能在跳蚤市场或二手交易版块上看到有人出售一些自己家的二手家具或闲置物品,价格相当便宜。这样一来,以后即使搬家时因不便携带而扔掉也不至于太心疼,而且还可以转手卖给别人。

小爽从小区论坛上淘到了好几件不错的宝贝,有台灯、小书桌、置物架等,不仅方便实用,还有一种"捡到大便宜"的感觉。不过交易的时候也要注意,不要选路途太远的交易对象,最好在本小区之内,以防上当受骗。

3.购买家居软装饰:省钱指数★★★☆☆,难度指数★★★☆☆

因为担心大件家具不好搬走,买了又心疼,可以购买一些方便搬运又实用的家居装饰品,例如一幅颜色明亮的窗帘,一个毛茸茸的卡通

第一章　安全：一个人的单人房

抱枕，一个可爱的布偶玩具，一条色彩清新的床单，一个小猫造型的闹钟，或者一些鲜花和盆栽，都可以让房间里的温馨指数直线上升。

4.墙面大改造：省钱指数★★☆☆☆，难度指数★★☆☆☆

利用墙纸，是改变房屋氛围、掩盖脏乱墙壁最有效的工具。因为其可移除又价格便宜，在很多地方都可以买到。还可以利用壁纸颜色的变化来完成对房间的功能分区：例如在卧室区用粉色壁纸，在工作区用蓝色壁纸等，既简单又便宜。买壁纸的时候，也要注意挑选花色和花型，如果是大面积使用，最好选择花型不复杂的单色壁纸，否则会有眼花缭乱之感。

另外，在墙上挂上一幅画也可以显著提升房间的档次。小爽就在网上邮购了一幅DIY数字油画，自己动手画完以后，再用可移除的粘钩挂在墙上，效果也相当不错。除此之外，将海报镶上框，也能起到和画作相同的效果。

5.合理利用空间：省钱指数★★★☆☆，难度指数★★☆☆☆

如果一个人住的空间不是很大，东西又很多的话，储藏收纳就成为威胁房间整洁的一个大敌。这个时候利用一些收纳工具，例如魔术衣架、旋转衣橱、床底滑盖储物箱、可压缩的收纳袋、抽屉内部储物格、脏衣篮等，可以使小小的空间得到最大限度的利用。

经过一段时间的家居大改造，小爽的小开间也焕然一新。除了增加了一些装饰品外，小爽作为一个资深吃货，还为自己增添了一些适合一个人用的家用电器：一台迷你小冰箱和一个懒人微波炉，虽然小小地花了一笔钱，但也可以让一个人的生活过得更有品质。

一个人生活并不能作为偷懒的借口，有品质的生活也不一定要有钱的时候才能达到。对于真正热爱生活的人来说，学会随遇而安，学会在低谷的时候发现生活之美，学会在没人欣赏的时候依然坚持美的标准，才是活着的真正意义。

一个人的小户型设计原则

1.尽量避免大范围的改造：如果住的时间较长，想做简单的装修，一定要跟房主进行协商，以免产生不必要的纠纷。

2.高大的家具会阻挡视线，使房子显得更加狭窄。相反，选择低矮、长形的家具会让房子显得更加宽敞。

3.过多的装饰品会使房间显得杂乱，家具摆放的时候要注意留白，例如留出某一块墙壁或地板，不作任何装饰，可以使空间显得更大。

4.选择颜色统一的家具或者在房间放置一面大镜子，可以让空间看上去更宽敞。

5.选择可以折叠的家具，例如可以折叠的沙发床、折叠桌、折叠椅等，在不用的时候收起来可以节省空间，还能方便搬运。

第二章

生活：一个人的就餐

一个人吃饭可以是件很寂寞的事，也可以是件很快乐的事。过去的已经过去，未来的还要继续，一个人的日子，就从习惯吃饭开始。

一个人别凑合

"随便"和"凑合",是很多一个人住的人最常说的两个词。反正好也罢,坏也罢,没有人欣赏也没有人挑剔。所以吃饭的时候凑合一下,不再讲究色香味俱全;屋子随便收拾一下,反正也没有来客需要招待。久而久之,人也变得越来越懒散,越来越凑合。

人生最怕的就是"凑合"二字。人一旦凑合了,标准就低了,心气儿就没了,凑合就成了窝囊、消沉、颓废的代名词。

谁说一个人就不能有精致的生活?谁说一个人就没有更高的追求?一个人的时候不需要取悦,不需要迎合,为自己而活,一样可以过得很精彩。

"我睡觉的时候被子必须盖在肚脐眼正上方五厘米处"。
"我月经期不能闻油烟味儿,否则就会上吐下泻,精神崩溃。"
"床必须摆在朝阳的地方,不然床单上缝的小花就该枯萎了。"

第二章 生活：一个人的就餐

……

是啊，在现在这个社会，似乎没有怪癖反倒成了最大的怪癖。文娟一边窝在床上看电影，一边在心里默默地这样想。但是，怪癖之所以被称为"怪癖"，是因为有人觉得它怪。就像演员在演话剧，有了观众才会觉得演得更起劲。

那些有怪癖的姑娘，大多会在自己"不能这样，不能那样"的表演中，听到"我从来没有遇到过你这样特别的女人"等等宠溺之词，并乐意为这些怪癖买单，所以演员也会演得乐此不疲。如果没有这样一个负责捧场的角色，一个女人即使有再多的矫情，也只会被人称为"怪"，而不是"可爱"。

这样一想，文娟也就原谅了自己作为女人不够精致的这个事实。因为，她身边恰恰没有这样一个"怪癖知音"。

因为工作的关系，文娟虽然和父母住在一个城市里，但却分住在城市的两端，只在周末的时候才会回家看看。与其说是为了节省在路上的时间，不如说是逃离家里那压抑沉闷的气氛。前不久，家里又给她介绍了一个相亲对象，这次是一个刚刚从部队转业回来的男人，本市户口，无房无车，相貌平平，现在还没有正式工作。要在几年前，这样的条件别说她了，家里人也压根看都不会看，但现在家里人竟一致认可！当她委婉地表达了自己的反对意见后，连一向站在自己这边的爸爸都叹了口气，语重心长地说："你都三十好几了，反正你也有房子，找个差不多的男人，凑合凑合相互也有个照应……"

文娟是个什么怪癖都没有的女人，"凑合凑合"也是她的口头

你好，我亲爱的独居时光

禅：早上上班起晚了，没时间做早饭，凑合凑合吃点剩饭也就饱了；秋天的风衣一件上千元，不舍得买，凑合凑合买件便宜的，秋天也就过去了；想去听演唱会却买不到门票，凑合凑合在家看看现场版也可以……但是这次，听到"凑合凑合"这四个字她觉得无比刺耳。

是啊，如果这些都是可以凑合的话，这样的男人确实也是可以凑合过一辈子的。没有爱情可以凑合，再凑合凑合有个孩子，一步凑合步步凑合，凑合凑合一辈子就过去了，但过得幸不幸福，就是另一码事了，这样凑合的人生未免太可怜了一点。

为什么我就非得凑合不可呢？文娟心里越想越不忿，虽说她不是一个独身主义者，但也绝不认可"剩女"这个称号，在她看来，"剩女"这个词本身就是一个不合理的存在，再比如说"剩菜"吧，菜本来是给人吃的。别人没吃，那就是剩下来了；再比如说"剩货"吧，货物本就是卖的，没有卖出去，那就是剩了。所以，"剩女"这个概念的前提是：女人必须要嫁人的，过了适龄的年龄没人接收，那就是剩下了。但是，谁说女人必须要嫁人这个前提是不可动摇的真理呢？

所以，虽然自己的人生还没有遇到那样一个"怪癖知音"，但她决定自己给自己规定人生中的第一个"怪癖"："决不能再对自己凑合！"为了配合这一决定，她一回到家就把家里的所有东西来了一个大清扫，一股脑把那些虽然夹脚但凑合能穿的鞋子、虽然变形但凑合能穿的内衣、虽然不知道有什么用但一直凑合着扔在家里的破破烂烂都清了出去。

看着清清爽爽的家，她觉得自己的心也重新活了过来，似乎那些

第二章　生活：一个人的就餐

其他人的话语都从心里消失了。虽然活了这么多年，却似乎从来没有为自己活过，为了讨所有人的欢心，把自己搞得狼狈不堪，但一个人又怎么能得到所有人的认同呢？

某些人的碎碎念并不是真的为了你好，而只是她们茶余饭后的谈资罢了，你以为凑合着嫁了一个人，就能终止这些声音，那就大错特错了。没对象，闲言碎语；没工作，闲言碎语；出轨了，闲言碎语；离婚了，闲言碎语；婆媳关系，闲言碎语……反正怎么都是闲言碎语，既然如此，又管它闲言碎语做甚？

其实，每个人的生命中都有一些凑合的选项存在，可能是一份鸡肋般的工作、一个糟糕的小区，抑或是一个可有可无的恋人，心里总想着要"换一换"但又总是瞻前顾后，就这样年复一年地拖了下去，其实，那不是不愿，而是不敢。害怕自己找不到更好的，害怕生活的改变。

对于有些人来说，虽然自己有梦想，有追求，但追梦的路太苦，太远，于是便在众多的人生选择中，选一个看起来还不错、也不需要付出太多努力的选项，看起来似乎是最轻松的。但是，刚开始最轻松，最后往往更难走。凑合到最后，发现自己也被生活凑合地抛弃了。

所以，对于生命中的有些东西，该讲究就要讲究，该换就要换。人生也不过就这么短短几十年，没有必要委屈自己，难道不是吗？

你好,我亲爱的独居时光

一人房,一人食

一个人的时候,总觉得自己做饭是件太寂寞的事。因为,无论做得多么美味,也没有人夸奖,于是便没了做饭的兴致。每天,一个人手忙脚乱地起床,匆匆忙忙喝杯牛奶或吃块饼干就去上班,这样的日子总让人心生倦怠。

打电话的时候,妈妈说:"好好吃饭,吃饱了就不会想家了。"其实,一个人好好生活,就要从好好吃饭开始。亲自下厨做一顿美食犒劳自己,胃里满足了,心里也就暖和了……

有时候,一天的好心情来得特别简单,例如早上亲手做的一顿早饭。

如今很多年轻人不爱吃早饭,究其原因,一是起得晚,晚上熬夜到一两点,早上宝贵的时间全用来补觉了,没时间吃;二是嫌麻烦,懒得自己费工夫,觉得还不如去街边买点包子省事。久而久之,肠胃似乎也接受了"没有早饭吃"这个残酷的现实,不吃早饭也不会觉得饿。即

第二章　生活：一个人的就餐

使明知道会有害身体健康，也没人想着去改变。

不过，馨平是"85后"中的"反叛者"，她虽然年纪不大，却最崇尚健康、自然的生活方式：每天晚上十点之前一定要上床睡觉，早上六点半一定要准时起床。因为这个习惯，虽然之前找过几个朋友合租，但彼此的生物钟过于迥异，终以失败告终。馨平觉得还是自己一个人住舒服。

每次跟朋友们出去聚会，她多半会中途退场，被大家笑称为"十点钟的灰姑娘"，甚至有人怀疑她"金屋藏娇"，笑着打趣她，她也懒得解释。

"甲之蜜糖，乙之砒霜"，每个人幸福的标准不一样，为何一定要用统一的标尺去度量呢？

在自己住了一年之后，馨平的生物钟变得异常精确，每天早上六点半她都会准时睁开双眼，然后静静地等上一分钟，闹钟才会姗姗响起。有时甚至连醒来的时间都跟闹钟分秒不差，把她自己都吓了一跳。

因为早上起得早，也就有了充裕的自由活动时间，可以自己做早餐。虽然这件事听上去很"贤妻良母"，但她其实并不会做很复杂的早餐，经常做的就是"自制三明治"：从超市买来新鲜的切片面包，最好是原味的。然后用平底锅煎一个简单的荷包蛋，再切上几片黄瓜、几片西红柿，然后把这些食材都夹在面包里，一个简易、健康的三明治就做好了，平均耗时不超过五分钟。一般一袋切片面包可以吃三四天，可谓经济又实惠。

对她来说，自己做饭的乐趣还不止这一个，她还有一个更大的快乐来源：黄昏菜市场。虽然小区门口就有无数的蔬菜超市，但那些摆在箱子里精神抖擞的蔬菜让她一点也提不起兴致，仿佛T台上的模特，虽然好看，但却少了一丝人间的烟火气息，味道就变了。

所以，每天下班回家时，她都会提前一站下车，绕到菜市场去转一转。而市场的周围，经常会有一些住在附近的农民在卖自家种的蔬菜，扎好的一把把大概八两重的各色蔬菜，每把1元、1.5元、2元、3元，最贵不过3.5元——多半是些当季的萝卜、南瓜、豆角、青菜等家常菜蔬。虽然有的长得不好看，却胜在新鲜、天然，看上去就能令人感受到一股鲜活的生命力。

大概是因为小时候在农村长大的关系吧，她对泥土似乎有着一种天生的亲切感，似乎只有这时，才能感觉到自己是真实地活在这个世界上，而不是在一个空中楼阁之中。慢慢挑选完，可以在落日的余晖或者路灯的斑驳灯影中，慢慢地走回家，那种别致的充实感就是生活本身的味道。

中国有句古话："民以食为天。"不管你是一个人还是两个人，不管你生活得好与不好，每天都要吃饭。经常有参加工作几年的人抱怨，说发福了、变胖了，究其原因，就是经常在外边吃饭，朋友聚会、公司应酬接连不断，而外面的饭油水多、脂肪多、胆固醇多，焉能不胖？

第二章 生活：一个人的就餐

对于刚刚开始一个人生活、毫无厨艺可言的人来说，也可以尝试做一些简单的膳食来改变自己的生活。例如将常吃的方便面换成健康的挂面，煮的时候放上一把青菜或打个鸡蛋；没有食欲的时候给自己煮上一碗白粥；另外还可以学着煲汤，一次吃不完可以用保鲜盒冷藏起来，下次可以直接用来煮面等等，有时一个小小的改变，就可以给自己带来一次新生。

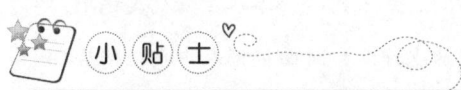

一个人的懒人自制早餐

1.蔬菜粥（材料：大米、胡萝卜、洋葱、黄瓜、姜、火腿、盐、香油）

制作方法：将洗好的大米加入适量的水放入砂锅里，将所有的材料切丁备用；姜切成末放入砂锅中，大米煮开后要经常搅拌，煮大约10分钟；放入洋葱丁和胡萝卜丁，搅拌均匀后再煮5分钟；放入火腿肠煮5分钟；最后放入黄瓜丁。煮5分钟左右。

煮粥的时候适时添加水，临出锅的前3分钟放入盐搅拌均匀，关火，最后滴入香油搅拌即可。

2.蛋炒饭（材料：隔夜饭、鸡蛋、盐）

制作方法：鸡蛋打散，冷米饭稍加打散；炒锅烧热，用油充分润锅后控出；放入米饭，用炒勺压散炒热；淋入蛋液快速翻炒，使蛋液均匀地包裹住米饭；撒上胡椒粉（可用可不用）和盐炒匀，起锅装盘。

3.葱花鸡蛋饼（材料：鸡蛋、面粉、水、盐、葱花）

制作方法：鸡蛋加盐打匀，加入面粉，添水至浓稠度适中，加入葱花，搅拌均匀；锅内抹少许油，将面糊倒入中央，然后在蛋饼未成形前，以缓慢的速度慢慢地转动锅底，形成圆形，待面糊定型之后，翻面再煎一会儿即可。

4.西式早餐（材料：鸡蛋、牛奶、火腿片、芝士片、黄油）

制作方法：把鸡蛋打散，加一点牛奶；把火腿片切碎、热锅，黄油化开后倒入蛋液。一开始用中火，等蛋液在锅里开始固化后转小火。

蛋液凝固到一半，表面还呈液体状的时候，把芝士片放在其中的一个半圆范围内。必要时可以提前把芝士片切条方便摆放；接着在芝士上面摆切碎的火腿片，等蛋液已经凝固到可以移动的时候，把没有放芝士和火腿那半圆的鸡蛋盖过来。两边都再煎一会儿，等里面的蛋液也熟了就可以起锅了。

第二章 生活：一个人的就餐

一个人的素食简餐

以前自己一个人住，吃饭多是和朋友聚餐或者去快餐店解决。每次听到有人说自己吃素，都会觉得她"矫情""不可思议"。而自己向来是无肉不欢的，如果一天没吃到一点荤腥，嘴里就有一种寡淡的感觉。

直到自己开始一个人住，和朋友们外出吃饭的机会少了，才开始试着亲自"洗手作羹汤"。肉类的不会做，便用青菜、豆腐做些简单料理。时间长了，竟也把素食吃出了很多不一样的滋味，胃肠清爽了，连体重都下去了。再出门吃饭的时候，竟对满桌的肉食有了腻烦的感觉……

子涵第一次吃素的体验来自一次很偶然的经历。

一个工作日的下午，她偶然接到了很久没联系的初中同学打来的电话，问能不能来她这里借住两天。虽然很突然，但子涵还是很高兴地答应了她的要求——反正也是自己一个人住,多一个人也不妨事,何况还是许久不见的老朋友呢!

等到见了面,子涵才知道,原来老同学这次是来给北京周边的一个寺庙做义工的,还邀她一起前往。子涵也觉得这是个难得的体验机会,便欣然同意了。

虽然子涵在北京已经算是老"北漂"了,但从来不知道在离家这么近的地方,竟还有如此清净的所在:寺庙坐落在一座山的半山腰,因为来得早,游人并不是很多。站在通往正庙的桥上向下俯瞰,可以看到山脚下迷蒙缥缈的白雾,漫步林间,周围的树木郁郁葱葱,经常可以看到有松鼠在树间一闪而过的身影,颇有一种世外桃源的感觉,让人心旷神怡。

因为是第一次来这种地方,对义工的活动并不是很清楚。在朋友的引导下,经过一系列"挂单"(术语:指行脚僧到寺院投宿)、登记等常规流程,子涵被分派到斋堂服务,负责为大家分饭。

这天的午饭是豆角和炒空心菜,主食有馒头和粥,还有一个餐后水果。吃饭的时候,几十名信众分坐在长桌的两端,有寺院的义工举着"止语"的牌子在过道上来回巡视。虽人数不少,却并不闻碗箸之声,每个人的脸上都是一副虔诚的表情。虽然只是些粗茶淡饭,却让一向无肉不欢的子涵第一次感受到素食的美妙。

义工工作结束后,吃了几天素食的子涵再重新吃肉,竟然有些不

第二章 生活：一个人的就餐

习惯。她这才知道，原来，吃素并不是像她认为的那样，只是像苦行僧一样吃一些青菜、豆腐，而是有全素、半素、乳蛋素、奶素、蛋素、果素等多种分类。如今，随着食品安全问题的日益严峻，越来越多的年轻人开始加入素食一族。对于更多的人来说，素食无关信仰与宗教，而是代表了一种绿色健康的生活方式。

但是，子涵的吃素之路开始之初遇到了不小的阻碍，其中最尴尬的时候就是聚餐。大家都在兴致勃勃地大快朵颐，只有她象征性地吃几片菜叶，要是相熟的朋友还好说，否则在整个饭局上就要被不断地询问："你是回民？""你信仰佛教？""是不是在减肥？"似乎显得自己特别矫情、不合群似的。最后，她终于想出了一个撒手锏——"医生不让我吃！"总算渡过了这一难关。

接着第二个阶段，要对抗的就是自己的食欲。刚开始吃素的时候，因为肚子里的油水一下子变少了，所以经常会觉得饿，看见路边的熟食店都会眼睛发直。坚持了两个月后，素食的好处慢慢显露出来，最明显的就是身材好了，人变美了，不仅体重从原来的60公斤降到了55公斤，长久以来晦暗多油的皮肤也变得清爽起来，让身边的朋友大为惊叹。和网上素食小组的朋友一交流，原来很多女孩吃素就是为了它的美容效果。

现在很多女孩皮肤长痘、出油、粗糙，就是因为吃肉太多，使体内的乳酸成分上升。这种乳酸成分随着汗液来到皮肤的表面，就会不停地侵蚀皮肤表面的细胞，使皮肤松弛、失去弹性、长出皱纹。

而经常吃素的女性因长期食用碱性的植物性蔬果，血液中的乳酸便会大量减少，使血液呈现微碱性，自然对皮肤的损害就降低了。不仅如此，植物性食物中的矿物质、纤维质又能帮助身体清除血液中的有害物质，起到净化血液、排除毒素的效果，使全身各器官充满旺盛的生命力。因此，好莱坞的很多女星都是素食主义的忠实拥护者。

初次尝到吃素的甜头之后，子涵吃素的动力就更大了。在最艰难的过渡阶段过去之后，她惊讶地发现，自己对肉食的欲望变得越来越小，因为少了肉食浓重调料的刺激，饱受摧残的味蕾恢复了天生的敏锐，胃肠也变得清爽，身体轻盈了，连整个人的气质都沉静下来。传说中素食的种种好处，已经在慢慢显现。

其实，在社会上一直有很多人对素食者有偏见，觉得他们很怪，放着好好的肉不吃，偏偏要去吃"草"。其实这是一种误解，素食者所选择的食材并不比肉食者少，除了萝卜、白菜、豆腐，还有菇类、豆类、粉类食品等可供选择。选择素食的人并不是怪人，而是对自己更有要求的人。一般人谁不知道肉好吃？但是好吃的不一定就是健康的，给自己一个机会，学会在肥腻厚味之外给自己找一个清净之地，也许会收获生命中一种别样的惊喜。

而对于一个人生活的人来说，素食的好处还不仅限于此：素食烹饪更节省时间，素食食材比肉食更便宜，素食更有利于身体健康，等

第二章 生活：一个人的就餐

等。所以，如果你厌倦了肉食的油腻，不妨给自己挑选一种合适的素食生活。如果觉得每天都吃素坚持不下去，可以选择每周设一天的"素食日"，或者在和朋友聚餐的时候挑选一家新开的素食馆，也许生命的改变就会因此开始。

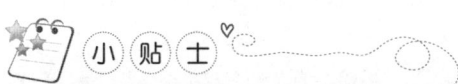 小贴士

适合一个人做的素食餐

1.白灼金针菇（材料：金针菇、香葱粒、红甜椒粒、盐、鲜味酱油、食用油）

制作方法：

①金针菇剪去根蒂，撕成小块儿，提前用凉水浸泡两小时，清洗干净；

②烧开一锅水，待水沸腾后关火，下入金针菇，翻拌均匀；

③立即捞出，放进冰水中过凉；略挤去水分，加入适量盐拌匀；

④容器底部加入适量鲜味酱油；

⑤将金针菇放在酱油上面，并撒上香葱粒和甜椒粒；

⑥加热食用油至微微冒烟，将热油均匀浇在香葱粒和甜椒粒上即可。

2.小米南瓜汤（材料：南瓜、小米、盐、冰糖）

制作方法：

①小米洗干净，在清水中浸泡半小时以上；

②南瓜洗净，去皮，切成块状；

③锅里放水，放入南瓜和小米，盖上盖煮开，再转小火，慢慢熬煮；

④熬到小米煮开，南瓜煮软，慢慢搅拌成汤糊，放入少许盐，一点点冰糖，出锅。

3.清炒素三丝（材料：豆皮、黄豆芽、芹菜、红尖椒）

制作方法：

①把豆皮切丝，在滚水中焯一下，放入凉水中备用；

②黄豆芽洗干净，芹菜切丝备用；

③起锅热油，放入少许姜丝爆香，将所有材料倒入锅中爆炒，加盐调味后即可。

第二章 生活：一个人的就餐

美食的治愈

一个人心情不好的时候，享受一顿美食是最有效的心灵治愈方式。一个人静静地咀嚼，开心地咽下肚，再长长地舒一口气，那种饱足的感觉，可以修复任何受损伤的心情。

记得小时候放学回家，最希望看到的就是妈妈在厨房做饭的身影，煎炒烹炸中，就是自己心中关于家的记忆。如今，一个人的家，总觉得缺少了家庭的温馨，其中的主要原因，就是少了些食物的香气。

于是，晚上睡不着觉的时候，就会找些深夜美食节目来看，看到节目中的人津津有味地品尝着各色菜肴，自己也会有些小满足，感觉就像自己也吃到了一样……

可儿在一家广告公司做文案设计，日常繁杂的工作几乎占用了她生活的三分之二，而加班对于可儿来说就像每天需要吃饭一样，如影随形，是件必不可少的事情。

已经二十七岁的可儿像许多"黄金剩斗士"一样，忙碌的工作使得她几乎没有闲暇的时间去好好谈一场恋爱。

有人说:"食物的气味是一种回忆的唤醒。"可儿就有这样一个独特的喜好,她犹爱美食。在紧张的工作之余能够美美地吃一顿好吃的,对于可儿来说,是一种无上的幸福。而每次只要吃上一顿好吃的,工作中所有的烦恼都可以瞬间抛掉,心中满满的都是暖洋洋的幸福感。

每一种食物代表一种回忆,在可儿的记忆中,小时候,爱吃妈妈做的红烧肉、爸爸炖的排骨汤等等,这些简单的菜品在现在一年只能回一次家的可儿看来,简直就是世间最美味的菜肴。

虽然时光的飞逝能够改变许多事情,但它改变不了美食带给可儿的幸福滋味。自从工作后,天南海北的美食可儿也尝过不少,有一个人独自去品尝过,也有两个人一起去品尝过。最近,她却钟爱自己下厨。

好不容易熬到一个不用加班的周末,早晨的阳光柔和地照进房间,碎金般洒满整个屋子。可儿美美地睡到自然醒,然后下楼买菜,她准备操练一下日渐生疏的厨艺,做一道自己的拿手好菜——土豆炖鸡块。

狭小的厨房里,可儿淘米煮饭,洗菜切菜,备好葱姜,然后开火上锅,在叮叮当当的锅碗声响中,她先抄起葱丝、姜末放入锅中,接着放切好的鸡肉,加一点鸡精,大火翻炒,片刻后,土豆、香菇、尖椒下锅……一道美味飘香的土豆炖鸡块在一个阳光浓郁的午后出锅了。

虽然有很多朋友都不理解可儿"花费好几个小时择豆芽"这样的"爱好",但对她自己来说,整个下午把自己扔在厨房中,花上几个小时煲一碗汤,大把的光阴任自己这样挥霍,这样的生活让地觉得格外享

第二章　生活：一个人的就餐

受，生命原本就该花费在美好的事物上。

作为一个标准的"吃货"，可儿喜欢做美食，也喜欢享受美食。只要说到吃，她从来不会缺乏胃口，不管春夏秋冬，她的食欲总是极其旺盛。每次和新认识的朋友吃饭，都会招来她们的惊呼："你好会吃哦！"让她郁闷不已。

当然，这种好食欲也有一个显而易见的副作用——发胖。公司里那些本就瘦巴巴的女同事，整天嚷嚷着减肥，恨不得瘦成皮包骨头一样，唯独可儿显得肉肉的。每次称体重的时候，看见上面飘忽的数字，可儿都不忍直视，下定了要减肥的决心。在不能吃美食的日子里，可儿选择用视觉代替味觉。尤其在晚上饿得睡不着的时候，她就靠看深夜的美食节目宽慰自己，像《舌尖上的中国》《孤独的美食家》《深夜食堂》《南极料理人》等，都是她反复观看的精神食粮。有时候实在忍不住了，她也会在网上搜索全国各地的网购美食，放在购物车里，等第二天再一个一个地删掉。

这样坚持了一个月，可儿的体重确实减轻了，但她心里有一种被棒打鸳鸯般的愤慨：为何要为了别人的眼光来牺牲自己的快乐呢？于是她毅然放弃了减肥，重回美食的怀抱。对此，可儿只得无奈地在内心笑话自己，说自己是在和美食谈恋爱。

可儿如同与恋爱高手过招一样，与美食保持着一定的距离，不是不想接近，而是可儿开始喜欢上那种若即若离的甜蜜，分别久了太想念，一小块儿红烧肉的香糯也足以抵消她的相思之苦。

你好，我亲爱的独居时光

不知道人的味蕾是不是会随着年龄的增长而变化，随着年龄的增长，渐渐对薯条、汉堡、牛排失去了兴趣，饿的时候最期待的，仅仅是一盘家常炒菜和一碗热腾腾的白米饭。随意一碗白米饭、一盘尖椒肉丝，当白米饭遇上肉丝，那种其乐融融的感觉，就好似相知多年的老夫妻，相濡以沫的情感羡煞旁人。

假如人也可以如美食这般，不会喜新厌旧，想必一定很幸福吧。而我们的胃则做了美食的情人，它们彼此之间仿佛有着一种"执子之手，与子偕老"的情感，在魅惑中给对方幸福感。美食也因有了好去处而充满价值感，胃也因为有了念想而有了俗世里笃定的满足。

幸福是种感觉，而美食里一日三餐的幸福，我们不能因为它的微小而忽略不计。相信在每一个人的成长过程中，都会有令自己念念不忘，总也吃不够的美食记忆吧。那么和你的亲人一起去重温那段令人感动的浓浓深情，重新体验一次和美食相拥的幸福吧！

享受一个人的健康美食

1.骨汤拉面一般都是油脂高、盐分高。虽然吃起来滋味浓厚，但高油高盐很容易导致肥胖，也容易诱发心脑血管等疾病。

建议：吃拉面最好不要喝汤，因为脂肪主要都在汤里面。点餐时可以搭配着点一份青菜。青菜中富含膳食纤维，有助于减少

第二章 生活：一个人的就餐

脂肪吸收。

2.许多人都爱喝珍珠奶茶，却不知珍珠奶茶的添加剂很多，其滑腻香醇的口感，主要是靠添加植脂末实现的，其中含有反式脂肪酸，大量摄入易导致心血管疾病和糖尿病。

建议：尽量减少饮用街边的饮料，如果购买的话可以选择小杯装的。在家中也可以很方便地自制奶茶，做法只需要在泡好的红茶中，按照1：3的比例加入牛奶即可。

3.喜欢吃水煮鱼的吃货们，一般都喜欢辛辣油腻。但水煮鱼的味道重、油多，高脂高盐。而且太过辛辣的食物对消化道有强烈刺激，严重时还会诱发溃疡。

建议：在吃辣味食物前可以先喝一杯酸奶，这样可在胃里形成一层保护膜，避免辣椒刺激。吃的时候可以放上一片吐司或馒头片，先把菜上的油吸出，避免摄入过量的脂肪。

4.街头各色寿司小店，总是引来很多吃货的光顾，可是他们没有注意到一个问题：日本寿司不但升糖快，而且如果蘸太多酱油，会导致摄取额外盐分。做寿司用的日本珍珠米，升糖指数高于一般大米，因此患有糖尿病的人不宜多吃。

建议：用筷子蘸酱油抹在寿司上吃，能减少盐分摄入。寿司品种多样，含有沙拉酱的热量高、盐分大，最好不要选。

一个人的小酌

当一天忙碌的工作结束，夜幕降临，放一曲舒缓的音乐，找一个浪漫温馨的环境，借一杯啤酒庆祝自己的喜悦。当遇到锁住心头的烦闷，可以为自己倒一杯红酒来宣泄情感，当作自己倾诉心声的知己。

周末闲暇的时候，为自己倒上一杯醇香的红酒，配上几碟精致的小菜，慢品时光。红酒是"自私"的酒，不适宜和太多的人一起喝，因为要有那种孤独的意境，才能品出个中情调。品红酒、品人生，更要懂得生活，懂得爱自己。自斟自饮一杯红酒，这便是自己生活的滋味与生活的度数。

虽然小艺最讨厌那些文人墨客酸溜溜的做派，但只有两句诗除外。"小酌酒巡销永夜，大开口笑送残年。"取自白居易的《雪夜小饮赠梦得》一诗。其中，她最喜欢的就是"小酌"二字。

所谓"小酌"，不同于大口喝酒、大口吃肉的豪迈，亦不同于"举杯邀明月，对影成三人"的清冷，而是一种自得其乐的悠游自在，

第二章 生活：一个人的就餐

一人、一壶、一杯、一月，独斟、独饮、独酌、独问心，就是人间莫大的享受。

朋友们对小艺的这一爱好颇为同情，俗话说"一个人不喝酒，两个人不赌钱"，好像一个人喝酒是件很苦闷的事情，怎么都有种借酒消愁的意味在里面，因此他们都赶来问"是不是生活上遇到了什么麻烦？"让她颇为无奈。

对于小艺来说，喜欢就是喜欢，没有为什么，就像喜欢一个人一样，也没有为什么。如果说非要找出什么理由的话，那就是独处的快乐吧，女孩子在外面难得有喝酒的机会，和不熟的人喝吧，没话聊；和闺密喝吧，太乏味；和有好感的男人喝吧，又显得不端庄，而且万一喝多了，不仅失态，连回家都是个问题。总之，独酌的好处说都说不尽。

独酌也是有技巧的，对于小艺来说，她最喜欢喝的是红酒。为此，她还专门买了一对昂贵的高脚杯，灯光晃动之下，红酒在杯子里摇曳生姿，顿时就能感到一种浪漫的气氛萦绕。唯一遗憾的是，另一只杯子的主人在半年前已经另谋新欢，与她分道扬镳了。不过，小艺并没有因此有太多的沮丧，也不是所谓的"借酒消愁"。她认为两个人的时候有两个人的快乐，但一个人的时候有心灵的自由，你的情绪和心灵可以全部收归自己，而不用为另一个人浪费分毫，更别提那些无谓的争吵和误会了。

独酌的乐趣也并不是人人可享的，其中也有很多不为人知的技巧和讲究。

首先,独酌不是"喝闷酒"。需要色、香、味、形、意境、心情,一个都不能少。其实小艺酒量不高,也不具有"喝一口就能品出是哪一年制造"的品酒技术,她选酒的标准只有一个,就是长得好看。不管是在酒庄、超市,还是网店,只要看到外形好看的红酒、啤酒或清酒,她都会买下来囤在家中。这样,每一次小酌的时候便有了一种彩票开奖的快乐。喝完留下来的瓶子被她洗洗干净另作他用——一个个瓶子就是她生活的记录,被她戏称为"瓶子日记"。

其次,小酌的时候一定要备有几盘精致的下酒菜,否则高兴地倒上一杯酒突然发现无肴下酒,是十分扫兴的一件事。可以用小瓷碟准备五六样小菜,每样量不须多,够一个人食用即可,如花生米、鸡爪、油煎小鱼等,可依据自己的喜好随意准备。

再次,要给自己找些娱乐项目。喝酒的时候人很容易多愁善感,不管你是看书还是听音乐还是看电视,都应该尽量选择一些轻松愉快的,以免陷入情绪崩溃的境地无法自拔。小艺最喜欢的是一边小酌一边看美剧,什么《绝望主妇》《犯罪心理》等等,都是她的最爱。

最后,也是最关键的,就是做好小酌的后勤工作。如果不想有人打扰,可以提前把手机调到静音状态,再给自己准备好一沓餐巾纸和一杯清茶。如果有必要,可以再准备一点主食,方便饿的时候取用。

等一切都准备停当,便可以正式享受你的小酌时光了。不管是浴后睡前,就像一首歌里唱的"一杯红酒配电影,在周末晚上,关上了手机,舒服窝在沙发里……"一个人小酌的时候不会说很多话,不用想很多事,就是这样,简单又快乐。

第二章 生活：一个人的就餐

但是，对于不会喝酒的人来说，是不是就不能享受小酌的乐趣了呢？其实不然，对于安静的人来说，喝茶也是一种很好的选择。

其实，第一次感受到喝茶的美妙，还是从一位老先生那里学到的——周作人曾写过一篇关于喝茶之乐的文章，他认为"喝茶当于瓦屋纸窗下，清泉绿茶，用素雅的陶瓷茶具，同二三人共饮，得半日之闲，可抵十年尘梦"。何其清雅！

如果是出差在外，或者在外边逛街累了，小艺就会漫步走进茶室，选一间静心斋，看茶艺师动作优雅地表演茶艺功夫，仿佛时间都在此停滞，远离了尘世的纷纷扰扰。

新茶清香熟悉的味道弥漫在茶室，令人感觉整个身心都放松下来，在藤椅上窝坐着，或看一本小书，或看看窗外穿梭的人流，或微闭双目，让茶香慢慢沁透身心的每一个细胞，或看绿叶沉浮，思索人生真谛。在这一刻，所有的烦恼、生意都可以暂时从生命中退却，让浮躁的心灵在袅袅的茶香中找到安放之地。

与二三好友相聚品茶自然热闹，但却容易忽视茶本身，非是品茶，而是谈天。所以说，一个人喝酒，喝的是心情；一个人喝茶，喝的是境界。

当厌烦了觥筹交错的喧闹，厌倦了虚情假意的客套，不妨试着自己小酌一番，体味一种成熟的乐趣。当然，小酌虽好，但不宜次数过多，过于贪杯可就白白辜负了小酌之乐。

适合女人的美容酒

1. 红酒

红酒不仅颜色漂亮、味道甜美，酒精含量也不是很高。除此之外，红酒还有以下好处：①可增进食欲；②适当饮用有滋补作用；③有助于消化，防治便秘；④有美容、抗衰老的作用；⑤减肥，每升干葡萄酒含525卡，在4小时内被全部消耗掉；⑥利尿，防止水肿；⑦杀菌作用；⑧可预防乳腺癌；⑨能抑制脂肪吸收，非常适合女性饮用。

2. 果酒

果酒是指用葡萄以外的水果酿成的酒，主要原料为苹果、梨、樱桃、草莓、梅子、奇异果等。其酿造方法基本上与葡萄酒相同，既保留了水果独特的个性和甜味，又对心脏有益，饮用时令人有轻松愉悦感。每天当作保健酒喝也很不错，很适合女性饮用。

3. 黄酒

黄酒作为我国最古老的饮料酒，含有丰富蛋白质、21种氨基酸及大量B族维生素。适量饮黄酒，可以加速血液循环和新陈代谢，还有利于减肥，对妇女美容、老年人抗衰老都有益，比较适合日常饮用。但也要节制，例如度数在15度左右的黄酒，每日饮用量别超过8两；度数在17度左右的，每日饮用量别超过6两。黄酒是名副其实的美味低度酒。

第二章　生活：一个人的就餐

学会给自己煲一碗暖心汤

小时候，最喜欢吃妈妈做的清汤面，一碗白面条、几片青菜，就有一种让人一口气吃光的好滋味。

时光荏苒，突然在某一天，想起了小时候吃过的味道，却怎么煮都煮不出来。打电话向妈妈请教，才知道：那碗好吃的清汤面，秘诀全在汤里。需要用整只土鸡加各种配料熬制几个小时，再用熬出的汤来煮面条，才能味道醇厚。

其实，生活中的很多事也像一碗清汤面。表面上平淡无奇，内里却需要很多功夫来周转平衡，一碗汤里的智慧，其实就是生活的智慧。

海玲虽然生在一个普通的家庭，性格和相貌也普普通通，但她的脑子里总有些不同于普通女生的胡思乱想。例如做饭和生孩子，她一个也不想要。

其实，她这种"惊世骇俗"的想法并不是一直存在的。在她还是个中学生的时候,也曾经一度迷信过书里小女人的爱情言论,例如"爱他就想给他生个孩子""爱他就要为他做几个好菜"等等,但这种想法随着父亲抛家而去、另组新家庭而烟消云散。

她开始特别讨厌下厨做饭,每当迫不得已在厨房洗洗涮涮的时候,她都不由自主地想起自己的妈妈——一个为丈夫做了一辈子饭,却被无情抛弃的下堂之妻,不由得感到无比愤怒。她在心底暗暗发誓,绝对绝对不要重蹈那样的命运。

在她看来,女人一生的悲剧几乎全是男人造成的。如果女人一直不结婚,可能只是感到寂寞,但如果结错了婚,必定会陷入绝望。

所以,当男友又一次旁敲侧击地提示"一个女人就应该去做饭"的时候,她转过头,看着男友的眼睛,一字一顿地告诉他:"我告诉你,我就是不做饭,现在不做,以后也不会做,你现在后悔还来得及!"说完,她站起身扬长而去。

盛怒加心情郁闷之下,海玲胃痛的老毛病又犯了。她干脆请假,直接坐车回了老家。

几个月没见女儿面了,妈妈自然是喜出望外,赶紧出门买菜烧饭。晚上,百无聊赖的海玲靠在厨房的门上,看妈妈手脚麻利地把下午就泡好的莲子、山药、红枣、枸杞、冰糖放入已经沸腾的小砂锅里慢慢熬煮。砂锅沸腾的热气扑到她的脸上,让她有一种流泪的冲动:这是妈妈特意给她做的养胃汤。

要说妈妈真是个好女人,温柔贤惠,善于持家,家务样样拿得出

第二章 生活：一个人的就餐

手，更是做得一手好菜，尤其会煲汤，曾经让味蕾挑剔的爸爸也赞不绝口。都说女人抓住男人的心就要抓住男人的胃，可对妈妈怎么不适用呢？海玲忍不住问道："妈，你每天做饭不觉得委屈吗？"妈妈笑了，说："不觉得呀！给我可爱的女儿做饭，怎么会委屈呢？""那爸爸呢？你会不会恨他，觉得不公平？"

妈妈愣了一下，慢慢搅动着锅里的食材，说："也不觉得呀，生活里只有想不想，没有值不值。就像这汤一样，有人觉得好喝，有人觉得不好喝，何必勉强那喝汤之人呢？"

几天之后，海玲回到了工作的城市，又开始了一个人的生活。

一次晚归回家，她破天荒地在路边买了青菜、豆腐。回到家，她用一个小小的奶锅煮了些水，将青菜、豆腐、西红柿洗净切碎，加点盐一起放入锅中熬煮。没想到，就这些简单的食材搭配在一起，竟奇迹般地产生了非常美妙的味道，就像妈妈的坚强，支撑起了她脆弱的内心。

她终于明白：做饭，不是爱情的滋味，而是生活的滋味。童话故事里的仙女们为什么来到人间，就不能再回到天上了？就是因为她们闻了人间的烟火气息，生命才会变得如此真实而沉重。

要想煲一碗靓汤，需要很多食材的搭配。同样，要想拥有丰富的生命意义，就不能拒绝生命里各种事件的发生。生活中那些好的、坏的，就像汤中的食材，不能单独估取它们的价值好坏，而要从整个生命的高度去俯视它、战胜它。

心疲神倦的时候，给自己煮一碗汤。那酸甜苦辣，既是饭菜的滋味,也是生活的意义。

1.莲藕萝卜养生汤:

①洗净莲藕和萝卜,去皮,萝卜上的绿梗掰下洗净保留;

②切块备用(不宜太小);

③大火,半锅水煮开,加入莲藕和萝卜;

④水再次开后,加入茯苓、当归和黄芪一起煮,转小火慢炖;

⑤半小时后即可。

这款汤不仅可以益脾和胃、宁心安神、排毒生肌,还能护肤美容、补血活血,非常适合女性秋季饮用。

2.花生莲藕红枣汤:

①将鲜花生去壳,莲藕洗净切小块,红枣洗净;

②先煮花生,水开后改小火煮一个小时,再加莲藕和红枣,关小火半个小时后,再小火煮一个小时。

这个汤可以补血养颜,没有任何调味品。时间紧张的女性可以一次多煮一些,用保鲜盒装好放在冰箱里冷藏,吃的时候拿出来热一下即可。

3.极简罗宋汤:

①将牛肉洗净,冷水下锅,开大火煮沸,再改用小火焖煮,用勺

第二章　生活：一个人的就餐

子去浮沫，大约三小时左右。如果要节省时间，也可以买现成的白切牛肉。

②土豆、西红柿洗净、去皮，切片待用；卷心菜洗净，切成一寸长的块状；洋葱切丝，牛肉切片备用。

③先将蔬菜一一煸炒至半熟，像菌菇类的易熟材料可以不用煸。

④之后将蔬菜与肉类放在一起，加入番茄酱、适当的盐、糖与之前的牛肉汤（买熟牛肉的可以加水），开大火焖煮。水量以能够淹没蔬菜为准。

⑤煮沸后，可以加入牛奶与少许味精，然后改小火，直至土豆酥软即可。

⑥出锅的时候加上几片黄瓜，有别样的清香味道。

这款汤材料比较随意，除了土豆、洋葱、圆白菜、西红柿算基本食材外，别的都可以根据自己的喜好任意添加。由于味道比较浓郁，一顿吃不完，下次还能直接放入挂面、乌冬面等，绝对是懒人必备。

除此之外，还有一种汤对情绪的缓解非常有效，就是鸡汤。尤其是在比较浓一点儿的鸡汤中，含有多种游离氨基酸，能平衡身体的需要，提高大脑中的多巴胺和肾上腺素，使人充满活力和激情，克服悲观厌世的情绪。再就是，鸡汤除了向人体提供大量的优质养分外，当人因血压低而无精打采或精神抑郁时，鸡汤还具有缓解疲劳感、消除坏情绪的功效。另外，母鸡汤还有防治感冒与支气管炎的效果。

对很多不会做饭的人来说，总觉得煲汤很难。其实，煲汤没有什么技术难度，而且可以收获很多满足感。尤其是一个人的时候，更需要照顾自己的身体健康。

时间空余的时候，不妨试试煲一碗营养美味的养生汤。不是为了取悦谁，也不是为了应付谁，只是为了一个更爱自己的自己。

让你轻松拥有好心情的几种食材

1.全麦面包：全麦面包可以说是一种可以吃的抗忧郁剂。全麦面包含有能帮助吸收调节情绪的色氨酸，在吃富含蛋白质的肉类、奶酪等食品之前，先吃几片全麦面包，可以保证色氨酸进入大脑，而不至于被其他氨基酸挤掉。

2.小甜品：甜品能为大脑提供必需的能量，使人的精神进入最佳状态，感觉精力充沛，还可以使人更易入睡及减轻人们对痛楚的敏感。

3.鱼：全世界住在海边的人都比较快乐，不只是因为大海让人神清气爽，还因为他们把鱼当作主食。无论是芬兰、英国还是美国的研究都发现了相同的结果：在人均吃鱼量较高的地区，发生严重抑郁症的比例要相对低得多。

4.香蕉：能帮助人脑产生一种神经递质，它能将神经信号送到大脑的神经末梢，促使人的心情变得安宁、快活，甚至可以减轻疼痛。它富含的镁能缓解紧张情绪，含有的生物碱可以振奋精神和提高信心。香蕉还是色胺素和维生素B_6的超级来源，这些都有利于调节情绪。

5.辣椒：辣椒中含的辣椒素能刺激口腔神经末梢，使大脑释放出内啡肽——这种物质能引起短暂的愉快感。

6.大蒜：大蒜虽然会带来不好的口气，却会带来好心情。德国一项针对大蒜对胆固醇的功效研究表明：病人吃了大蒜制剂之后，感觉相对不疲倦，不焦虑，不容易发怒。

你好，我亲爱的独居时光

一个人去餐厅吃大餐

自从一个人住以后，变得越来越少去餐厅吃饭。因为怕尴尬，所以宁愿忍着不吃，也不愿意一个人孤零零地坐在餐厅里，因为"看上去好悲惨"。每当想吃大餐的时候，就四处找朋友"拼饭"。如果实在找不到人，又不想做饭的时候，只能去快餐店吃套餐，或者在家叫外卖。

虽然有时候也想去吃一顿大餐，但一个大餐厅里到处都是结伴而来的人，好不热闹，只有自己一个人对着一大桌子菜，气氛实在挺尴尬，吃几口就吃不下了，仿佛整个餐厅的人都在盯着自己这个异类。结果，没坚持几分钟，就赶紧打包仓皇逃走了⋯⋯

每次接到家里打来的电话，妈妈总是在收线的最后，毫无新意地进行例行提问："吃饭了没有？吃的什么？"珍珍每次也都毫无新意地想不起来，然后胡乱编一个菜名对付过去。倒不是她刻意敷衍，而是她真的想不起来今天早上和中午到底吃了什么。

第二章 生活：一个人的就餐

不知道是人长大了味蕾退化，还是自己变得挑剔了。对珍珍来说，每天最犯愁的问题就是"今天吃什么？"每天想得最多的一个问题，也是"下一顿吃什么？"

尤其是自己一个人单独觅食的时候，她经常为找一个吃饭的地方伤透脑筋。因为自己租住的地方不能做饭，一日三餐都要在外面解决。常常是已经饿得饥肠辘辘，看着人声鼎沸的餐厅，就是不敢走进去。结果踌躇半天，还是进了街边的一家米线店或快餐店，快速吃完就匆匆走人了。

虽然有时一个人也想找个高档的餐厅好好吃一顿，但一个人点多了吃不了，点少了又怕招服务员的白眼。每每想要尝试，都临阵退缩了。

难道自己就这么没出息吗？终于有一次，珍珍鼓起勇气走进了一家新开的火锅店。一进去，服务员就热情地招呼她："里面请！您几位？"她下意识地撒了个小谎："呃……两位。"服务员没有怀疑，领她找了两个空位。当然，一直等她点好菜、上桌，直到吃完，那个虚拟的同伴也没有现身。

虽然服务员并没有时间关注这些小细节，但珍珍总觉得他在时不时往自己这边瞅，结果"心怀鬼胎"的她再也坐不住了，以最快的速度吃完饭结了账，就落荒而逃了。从此以后，有小半年的时间，她每走到那家饭店的门口都要绕着走。

你好，我亲爱的独居时光

因为有过这次尴尬的经历，在很长一段时间内，珍珍断了自己要一个人吃大餐的念头。实在想改善生活了，就从餐厅打包后带走。偶尔在等餐的过程中，遇到一些自己一个人来吃饭的女孩，她都会莫名其妙地觉得肃然起敬。

不过，这已经是一年前的事情了。随着城市中独居者的数量越来越多，很多商家也将眼光瞄准了这些一个人就餐的人群，推出了单人餐桌、单人小火锅等促销手段，使一个人吃饭变得不再那么尴尬，甚至成为一种新的流行。

珍珍也在身边人这种观念的转化中，重新开始了自己一个人吃大餐的挑战之路，并越来越乐在其中。她觉得，自己吃饭最大的好处就是：专注。因为和朋友一起吃饭，虽然人多热闹，但同时也让你无法专注于食物本身的美味。自己的话，就可以不用担心朋友的口味，不用思考点菜的搭配，只需要依据自己的口味，像个孩子似的挑汤、挑主食、挑甜品，享受每一次独自用餐的过程。

如果兴致好的话，她还会在动筷前，用手机给每一道菜拍上一套"写真集"，发到朋友圈和朋友一起讨论。别人的眼光？已经无所谓了，自己开心才是最重要的。

曾经，坊间流传一个说法，叫"一个人吃饭容易引发肠胃病"，似乎是对一个人就餐持反对态度。其实，这句话是被人们误读了。它的意思是，人体的肠胃系统是有情绪的器官，如果人长期在紧张、焦虑、

第二章 生活：一个人的就餐

郁闷等情绪中吃饭，胃肠功能就会进入紊乱状态，进而引发肠胃疾病。

很多人在自己一个人去外面吃饭的时候会觉得心情紧张，担心服务员会不会因为生意太小而怠慢自己？会不会不给倒茶水？点菜的时候会不会不耐烦？结果，心情忐忑地躲在餐厅黑乎乎的角落里，狼吞虎咽地吃完了，这样当然会对身体不好了。

所以，一个人吃饭并不会容易得肠胃病，只要保持心情愉悦，不要太在意周边人的看法就好了。在日剧《孤独的美食家》每集的开头，有一段内心独白写得特别好："不被时间和社会所束缚，幸福地填饱肚子的时候，短时间内变得随心所欲，变得'自由'不被谁打扰。毫不费神地吃东西这种孤高的行为，这种行为正是平等地赋予现代人的最高的治愈！"因为害怕桌子对面没人，而在家里吃泡面凑合一下的人，恐怕体验不到这种治愈的快乐吧！

适合一个人吃大餐的N种方式

1. 一个人吃自助餐。自助餐品种丰富，可以避免自己"点一盘菜都吃不完"的情形，而且一个人去吃也不用顾及形象，即使吃得忘形，也不会有人知道。

2. 浪漫西餐。你可以点一杯咖啡、一盘沙拉装小资，也可以潇洒地点一个全餐,一个人慢慢享受。独身人士在西餐厅总是会散发一种独特的魅力,也许一次邂逅就会在下一刻发生。

3.露天酒吧:露天酒吧多数都有大屏幕,每周不定期上演各种比赛。这时,你只需要手拿一瓶啤酒站在人群中,别人就会把你视为同类。

4.涮涮吧或中西式快餐:这些地方都有成排高脚凳的座位,避免了一般餐桌一个人吃对面没有人的尴尬。

5.选一个小单间:在某些日式餐厅中,会有一个个小隔间将食客分离。即使是腼腆的人,也可以轻松就餐。

6.点菜要少而精:一个人吃饭一荤一素即可。如果不知道点什么,不妨点这家餐厅的招牌菜,失败的概率会小一些。倘若想多品尝几个品种,也可以多点几道,吃不完的可以打包带回家,绝对不会浪费。

第三章

思念：一个人的夜晚

> 异乡的夜晚总是黑得特别早，即使将孤独与不安锁进心里最深处，也会一点点偷溜出来。一个人的夜晚，是最容易天人交战的。

一个人没网的通宵

年少时有一个浪漫的梦想,希望自己生活在一个幽静的山谷里面,四面青山环绕,一道瀑布,一间茅草屋,屋外花木扶疏,过着世外桃源的日子。如今,如果这个梦想真的能实现,恐怕自己会希望能扯上一根网线再隐居。

有人说,网络是穷人最廉价的娱乐,其实,并不是上网真的那么有意思,而是生活中有些问题不想真的去面对,在自己无聊的时候,想找些东西来释放一下情绪,所以选择的一种逃避方式而已。但是,逃避始终不是问题最终的归宿,当一个没有网络的夜晚来临,那些深藏在心底的痛苦和担心,就会按捺不住地浮出水面……

有时候科技真的是个坏东西。就像封建社会的鸦片一样,给了人们短暂的享受,却要付出比得到的多得多的代价。

亚梦觉得自己的生命已经快被网络毁掉了。白天的时候,她要对着电脑不停地做数据分析,晚上回到家还要对着电脑吃饭、聊天、刷

第三章 思念：一个人的夜晚

淘宝，直到深夜眼睛支撑不住，才一头扎在床上沉沉睡去。如此周而复始，日复一日。

但网络给她带来的快感日益降低，套用一个经济学上的术语，就是"边际效益"越来越低。曾经刚接触网络的新鲜感和快乐到今天已经所剩无几，取而代之的是无趣。虽然在网上拥有了很多个邮箱，但除了用来接收垃圾邮件外毫无用处；虽然在网上和很多个人聊过天，但从来不记得聊过些什么；虽然在网上注册了很多个会员，但很多已经忘记了密码。每天无非是登录QQ，看看微博，找找肥皂剧，时间就这样毫无价值地虚度了。

曾经记得某个人说过：选择太多了就是没有选择。网络就是如此，我们有太多东西可看，太多游戏可玩，结果其实我们什么也没有。

所以，当亚梦又一次控制不住自己的双手，打开购物网页的时候，她突然对自己的行为感到无比的愤怒。明明还有很多有意义的事情可以做，为什么还摆脱不了网络的控制呢？

几天之后，亚梦在同城的老乡会上偶遇了一位做心理咨询师的朋友，闲聊之中，亚梦向她倾诉了自己的苦恼。朋友对她表示理解，说这是现代都市人很常见的现象，而亚梦的情况大概是属于某种网络强迫症，而强迫症的典型症状就是"强迫和反强迫同时存在，并伴有明显的心理冲突"，但是亚梦的情况还不严重。"所以，不用太有压力啦！"朋友爽朗地安慰亚梦。

"那有什么好的解决方法呢？"亚梦诚恳地问道。朋友想了一会儿，说道："你可以试试做些别的事情，转移自己对网络的注意力。其实,很多时候,网络只是一种逃避,因为不想面对自己所要解决的真实问题。如果你可以勇敢地面对自己的问题,解决自己的问题,网络这个避难所也就没有存在的必要了。"

晚上,亚梦回到家,破天荒地没有首先打开电脑。而是拿出一张纸,在椅子上静静地思索:一个没有网络的晚上,一个人可以做什么呢?很快,她就在纸上列出了很多个选项:

①画画;②看电视;③出去散步;④逛超市;⑤睡觉;⑥喝茶;⑦去朋友家玩;⑧收拾屋子;⑨听音乐锻炼身体;⑩搬张凳子到阳台吹风;看书;听广播……

突然,她意识到:自己所害怕的根本不是网络,而是没有网络的喧闹后,生活所呈现出来的寂静与孤独。

其实,从毕业后随男友来到这座城市开始,她一直没有融入这里的环境。或者说,她根本不想融入进去。冥冥之中,她觉得自己只是这里的一个过客,随时有可能从这里抽离,但是真正的归宿在哪儿,她自己也不是很清楚。

直到有一天,这个冥冥中的预言变成了现实,不过走的不是她,而是他。她才发现自己变得一无所有。为了避免面对这个无力解决的问题,她本能地选择了逃避,让网络喧闹而快节奏的声音,淹没自己内心的挣扎,仿佛自己仍在旧时光。但虚假的终究是虚假的,它的能量太浅,终于还是无法安抚躁动的灵魂。她觉得自己变成了一个孤魂野鬼,游荡在一个不属于自己的世界上。

一年多来,这是她第一次放声痛哭:违拗父母的意愿离开家的时

第三章　思念：一个人的夜晚

候，她没有哭；男友离开的时候，她没有哭；一个人住在曾经充满回忆的小屋里的时候，她没有哭。但是，在一个没有网络的通宵，她终于听到了自己内心的声音。

那天晚上，是亚梦睡得最好的一晚。没有逃避，没有焦虑，没有怀疑，没有患得患失，不管未来的路是去是留，她都充满希望。

有时候，我们脸上强撑的欢笑不是为了欺骗别人，而是为了欺骗自己。因为承认自己的错误真的很难，所以我们经常自欺欺人，对自己的问题讳疾忌医，装作什么也没发生过。但是，有时候承认自己的失败，将混乱不堪的战场打扫干净，比单纯的逃避痛苦更能重建我们的信心。

毕竟，生活不是非赢即输的赌博，而是一场需要不断累积经验的挑战模式，每一次生活中的事件都可以增加你的生存经验值，而我们就要像奥特曼对待怪兽那样，找出他们，消灭他们，才能赢得最后的胜利。

人生，其实是一场很公平的游戏。有的人享乐在前，有的人笑到最后，当问题发生的时候，我们的确可以找出很多逃避的办法，比如说网络、游戏、酒精……但那些没有消失的问题，仍然在内心深处不断反噬，直到你注意到它们的存在。

如果你觉得最近的人生有那么点不如意，先别忙着假装什么都没发生。找一个没有网的通宵，来一场自己与自己的谈话，听听自己内心的声音，也许会找到生命中新的起点。

适合一个人看的电影

一个人吃饭,一个人逛街,一个人看电影,刚开始的时候,确实会有很多不习惯,觉得无聊,没有安全感。时间长了,也学会了自己给自己找乐子,例如学习做家务、做饭、一个人逛街,尝试新的餐厅、跑步、一个人看新电影等等。很多事以为自己做不到,真正去做了,发现也没有那么难。

小时候,每天阳光灿烂,很容易觉得生活美好,后来,受到一些挫折,开始觉得生活一点也不美好,等再经历一些事情,又开始觉得:其实,生活还是美好的,只不过,里面的美好需要你自己去寻找,自己去发现。

一个人只要自己不给自己设限,就没有人能够阻挡你。如果自己不懂得充实自己的内心,那么,即使以后变成了两个人,内心依然是空虚的。不管你现在的生活处在什么境地,只要你想快乐,就一定可以快乐。

第三章 思念：一个人的夜晚

2月14号，明娇一个人去电影院看了电影。第二天同事问起来，都不相信她是一个人去的。经过反复确认后，同事的眼光里透露出一种同情的信号，仿佛在说："好可怜的女人啊，连陪你去看电影的人都找不到啊……"让她极为不爽。

难道从什么时候开始，电影院已经立了一块牌子，写着"单人与狗不得入内"了吗？

和众人猜测的不同，她既没有要排解的失恋郁闷，也不是人缘太差——事实上，她根本没有拿着电影票到处询问，看有没有人可以一起搭伴儿的习惯。在明娇看来，一个人去看电影和一个人去图书馆并没有什么分别，是作为一种"突然想……"的突发事件，存在于生命之中的。如果在自己突然兴起的时候，还要和别人反复敲定去电影院的时间，或者被别人挑剔电影的质量，还不如一个人乘兴而去、洒脱而回来得爽快。

在她看来，除了观影时间自由以外，一个人看电影还有很多不为人知的好处：

1.一个人可以充分享受电影的乐趣。你可以不用考虑是不是要和朋友眼神互动一下，也可以放下和男朋友在一起要注重的淑女形象。你可以沉思，也可以大笑，可以全身心地投入电影细节中。不知不觉中，主角就变成了自己，融入了那些感动的场景里，就连心也进入了电影里面。

2.一个人看电影可以发泄情绪。和朋友在一起的时候，即使看到煽情场面，鼻子酸溜溜地也要拼命忍住，因为痛哭流涕的样子看上去真的很弱。但是一个人的时候就可以将这些顾虑弃置脑后。即使你哭得上气不接下气,也不会有人用鄙视的眼光看着你,并因此嘲笑你一个星期。

3.一个人的时候可以有绝对的选片权。要知道,即使是最合拍的好朋友也不可能有完全相同的审美观点。搭伴儿看电影的人数越多,审美的分歧越大,选到烂片的概率越高。也不会在朋友抱怨片子不好看的时候,对自己的错误选择能力感到抱歉。一个人的时候,你可以看冷门小清新,也可以看《喜羊羊与灰太狼》,完全不用担心自己的奇葩审美会影响到别人。

4.看完电影后可以自由回味。你可以在散场之后,找一家小巷里的咖啡馆,也可以带着电影里的心情在外四处闲逛,还可以径直回家睡觉,而不用迁就朋友的想法,不用被其他人影响电影留在心中的感觉。

5.一个人看电影的时候可以"包场"。如果正好赶上你要看的影片快要下线,或者避开看电影的高峰时段,很可能在电影放映的时候,发现整个电影院只有你一个人。当然,这种机会可遇而不可求。

明娇就有过几次一个人"包场"的经历。给她印象最深的一次,是在偶然走进的一家老旧的电影院中。有多老旧呢?就是可以让明娇想起小时候学校组织看革命影片的那种剧场。但是,在如今影院变得越来越高端大气的市场浪潮中,这种又小又破的电影院已经没有年轻人愿意光顾了。

所以,当明娇踩着软软的红地毯走进放映室的时候,空旷的电影院里只有她一个人。因为不见阳光,即使是夏天,室内的空气也是冰凉

第三章 思念：一个人的夜晚

凉的，还有一丝老房子潮湿的味道。放眼望去，里面的装潢和明娇小时候记忆里的剧院一模一样，甚至还有一个可以演出的大剧台。明娇坐在座位上，仿佛走进了时空隧道，那天放映的什么电影早已经忘得一干二净，但那种感动的心情让她念念不忘。

很多人一听"一个人看电影"，脑子里便会立刻描画出一幅孤独、凄冷的图画，觉得这是天性孤僻的人才喜欢干的事儿。恰恰相反，喜欢一个人看电影的其实是最喜欢分享的一群人。因为不喜欢孤独，所以喜欢在看喜剧的时候，可以和陌生人笑成一片；可以在看恐怖片时，与一群人大声尖叫；可以在看到兴奋之处时与同道中人激情欢呼，那种共鸣的感觉，同样可以在一个人的观影中填满心胸。

当然，一个人看电影也不一定要去电影院，一个人在家同样可以享受电影之乐。你可以找一个慵懒的午后，给自己泡一杯玫瑰花茶，一个人，一台电脑，或伴着外面暖暖的阳光，或拉上窗帘，或穿着睡衣窝在床上，随性又轻松。

而有些电影正是在一个人的时候，才能体会出其中蕴含的深厚韵味，例如《海上钢琴师》《天堂电影院》《西西里的美丽传说》《天使之城》《春去春又来》《独自等待》《蓝色大门》《面纱》《触不到的恋人》《这个杀手不太冷》《千与千寻》《花样年华》《放牛班的春天》《当幸福来敲门》《阿司匹林》《四月物语》等，都可以列入一个人必看的影片清单。

曾经有人对明娇说过一句话："你喜欢一个人去看电影，是因为你还没有找到能陪你一起去看电影的那个人。"

对此,明娇没有急着否认。在她最喜欢的电影《泰坦尼克号》中,有一个情节她特别喜欢:Jack对Rose说"You jump, I jump",那份决绝让所有观众为之动容。她也曾经天真地希望,身边可以有这么一个人,可以因为她的一句话,就跟她海角天涯。但这个愿望屡屡受到现实的打击。是啊,每个人都有自己的想法和目标,她不想改变自己,也不想改变别人。

所以,就这样吧。她想:虽然我还没有找到那个人,但是在那个人到来之前,我还是可以享受一个人看电影的乐趣。

一个人在影院看电影的技巧

1.时间:如果不想四周挤满小孩和情侣,尽量将时间选在早场或工作日的下午。

2.零食:可以买些饮料或爆米花带进影院,用食物缓解一个人在陌生环境的不适感。

3.座位:如果空位较多,可以试试坐第一排或最后一排,体验不一样的观影效果。

4.选片:如果没有足够强的神经和胆量,尽量不要选恐怖片,尤其是一个人在深夜的时候。

第三章　思念：一个人的夜晚

一个人的黑夜

在现在的生活里，除了自己不用充电，身边几乎所有的东西都需要电力的支撑。平常有电的时候感觉不出来。一旦停电，立马就傻眼了：不能照明，不能上网，不能坐电梯，不能做饭，不能看电视……整个人立马感觉进入了山顶洞时代。

如果一个人住的时候，赶上晚上停电，那就更加糟糕了。曾经积存在脑海里的恐怖场景立马全部闪现出来，让人越想越害怕……

泰戈尔曾经写过一句很美的诗来赞美黑暗："黑夜呀，我感觉到你的美了。你的美如一个可爱的妇人，当她把灯灭了的时候。"但是在现实生活中，很多人没有足够的雅兴去欣赏黑暗的美丽。

尤其对很多独居的女性来说，黑暗既代表一种未知的恐惧，例如鬼怪的传说、黑暗中的犯罪事件等，又代表着一种孤独，让你在猝不及防中不得不面对自己孤身一人的处境。

你好，我亲爱的独居时光

明雅家的电停的最不是时候——正赶在她在浴室优哉游哉洗澡的时候，浴霸暖黄的灯光骤然熄灭，四周一片黑暗。她一下子呆住了，心想：不会这么巧吧。因为不晓得外面的情况，明雅壮着胆子草草完成了洗澡的最后程序，摸索着将自己身上的水滴擦干，然后深吸一口气，裹着浴巾慢慢走出浴室。

"咔""咔"，她反复按了几下电灯开关，明亮的灯光还是没有亮起来。她愣在原地，心里的害怕一下子涌了上来。早知道就不要一个人住了……明雅心里禁不住有些后悔。

但是也不能总在这里冻着呀，她调动起大脑里所有文科生仅有的物理常识，分析停电的原因：首先不是灯泡的问题，因为所有的灯都不亮了；其次，不是欠费问题，因为上个星期刚给电卡充了钱，那可能的原因就是限电或者电闸掉了……该死！谁知道那个电闸到底在哪里？好像是在楼道里吧，她这么想着，准备开门出去查看一番。

就在这时，她脑子里突然闪过前几天在新闻里看到的犯罪事件，讲的就是有坏人拉下住户的电闸，然后诱使被害人开门检查，乘此机会作案的。想到这儿，她立刻吓得不敢轻举妄动了。

虽然明雅已经有了些自己生活的经验，但停电这件事却一点也没有准备。蜡烛没有，手电筒没有，连打火机都没有，这时，她想起笔记本电脑里还有备用电池，可以支撑一段时间，于是摸索着打开电脑，终于给自己找到了一丝光源，明雅不禁欢呼了一声。

要是在自己家里，爸爸妈妈肯定会在身边安慰自己了吧，因为他们知道明雅从小就特别怕黑。晚上睡觉的时候一定要开着一盏小夜灯，

第三章　思念：一个人的夜晚

可现在谁也不在自己身边……她想打电话给爸爸妈妈，却不想让他们担心，拿起电话的手又放下了。

要是在平时她可能早就泪眼婆娑了，但是今天她却异常地冷静。因为没有了可以撒娇的对象，即使哭闹又能解决什么问题呢？只会让自己的处境看起来更加悲惨罢了。既然当初满腔热血要去离家千里之外的城市独自打拼，就要做好面对一切困难的准备，不就是停电吗？不怕不怕啦，她在心里轻声安慰自己。

很快，笔记本电脑里的余电也消耗殆尽，明雅借着手机微弱的灯光小心地把门窗锁好，然后快速钻进被子准备睡觉。本以为这些高科技的玩意儿能再多多支撑一段时间，没想到竟这么脆弱。

往常陪伴她入睡的电视声音没有了，当四周一片黑暗的时候，一点风吹草动都让她呼吸加速，为了缓解自己的不安情绪，她开始在记忆里搜索关于黑暗的高兴事情。

啊，对了，她想起自己也有特别喜欢停电的时候。那时她还是个高三学生，每天的复习非常繁重，晚自习要上到很晚。在临近高考的时候，学校外面的公路开始施工，经常会在晚自习的时候断电。为了不影响高考复习，老师们让学生买蜡烛上晚自习。当时的压力真的非常大，但她特别喜欢那天点着蜡烛的晚自习。灯光摇曳，伴着沙沙的翻书声，老师走动的声音，同学之间的低语声，还有当时偷偷暗恋的男生，一切都那么美丽。

想到这儿，她的嘴角不禁翘了起来。真是很久远的记忆了呢，那大概是自己最喜欢黑暗的时期了吧，从那以后还天天盼着停电来着，真

你好，我亲爱的独居时光

是一个傻姑娘啊！明雅在被窝里偷偷地笑话当时的自己，不知不觉就没了害怕的感觉，酣然入睡了。

第二天早晨醒来，阳光明媚，似乎昨晚的害怕都是自己臆想出来的。明雅特意出门检查了电闸，这才发现在楼梯口贴着一张告示，提醒广大住户注意限电日期，正是昨天，可是自己没有看到。看来自己住还真要胆大心细才行啊，明雅愉快地想道：也许买个香薰蜡烛也不错，这样偶尔停电的日子，就又变成了一种节日。想到这儿，她不禁盼着下一次停电的时刻赶快到来。

现代生活的科技给人们的生活带来了很多便利，也让我们的生活节奏越来越快。科技让我们的生活变得越来越精彩，同时也越来越没有内涵。闲暇时看看电视、上上网，已经成为很多人的生活习惯。甚至在停电的时候，也会下意识地拿起沙发上的电视遥控器。

当停电来临，一切可以转移我们视线的东西全部失灵。你也许会猛然发现，自己的内心空洞，生活空虚。其实这种感觉，一直在我们的灵魂深处，只是被太多东西掩盖住了。即使有时候想好好思考一下，但转瞬间，注意力就被网络、游戏等吸引过去了。结果日子就在日复一日的肥皂剧、虚拟游戏中一天天过去了。

其实，这个世界还是可以安静下来的，例如遭遇一次停电。或者说，其实世界本来就是这个样子，安静、黑暗，只是我们强迫它变得不安静罢了。

人在黑暗中，是安全感最弱的时候。偶尔遭遇一次停电，也不是

第三章　思念：一个人的夜晚

坏事。如果遇到了，就好好地体验一下这种夜晚吧，可以早早地睡觉，可以听听收音机，可以躺在床上想想最近的生活，抑或静静地等待天明。不要惊慌，因为再过几个小时，天就要亮起来了。

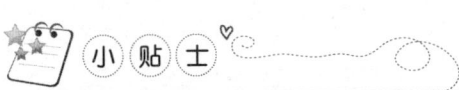

一个人时停电的注意事项

1.不要随便出门。

2.可以打电话给熟悉的人，缓解自己的恐惧感。

3.找出任何能够照明的设施，如备用的手电筒、蜡烛、笔记本电脑、手机等，在黑暗中，即使是一点微弱的光亮，也有让人安心的功效。

4.停电之后，如果没有什么必要的情况，最好是待在一个固定的房间内，不要随意走动，以免不小心撞到尖锐的家具上，碰伤自己。

5.突然停电可能会毁坏家电，所以平时要养成随手关电器的好习惯。如果是自己买电，要及时给电卡充值。

6.如果在冬天遭遇鱼缸断电，可以购买两个热水袋，装上热水，投到鱼缸里面，或者用塑料袋暂时罩住鱼缸，来帮助鱼儿保温。来电以后不要着急喂食，先停食一天，待状态稳定后再进行投食。

独自失眠

一个人住的你，肯定经历过这样的时刻——路灯睡了，时钟睡了，街道也睡了，而你却还醒着。一个人失眠的理由有很多：有时候是工作没有完成；有时候是因为什么事特别焦虑或兴奋；有时候是好不容易睡着了，却在半夜突然惊醒，发现身边没有幸福，枕边没有牵挂，黯然神伤，然后就再也睡不着了。

睡不着的时候，有时候会打开收音机，听里面的深夜节目；有时候会打开手机，从第一个名字翻到最后一个名字，再默默关上；有时候会爬起来上网，看看还有没有和自己一样的朋友可以互相安慰；还有的时候，干脆放弃睡觉的念头，起来洗衣服，打扫卫生……

一个人失眠的时候，会有种种情绪，例如害怕、恐慌、愤怒、疲惫……在心里百感交集，但又无计可施。于是乎，就这样艰难地熬了一夜，第二天顶着两个黑眼圈依然去上班。

第三章 思念：一个人的夜晚

这个夏天的夜晚，池蓉又失眠了。

她实在是睡不着，便从床上爬起来走向阳台，拉开窗户，外面黑漆漆的，是个没有月亮的夜晚，甚至连风都变得很奢侈了。寂静的夜幕下，不知名的虫子躲在夜色中不知疲倦地唱着歌，于是整个夜有了一点生气，但歌声因此显得更空洞、单调。

重新逼着自己回到床上躺下。迷迷糊糊中，楼上的小宝宝可能是饿了，嘹亮的啼哭声在这个寂静的夜里显得格外刺耳。不一会儿啼哭声渐渐转弱了，黑夜又恢复了它的平静。可能是小宝宝的妈妈起来给他喂奶了吧！池蓉想象着小宝宝带着满足的微笑睡去，自己却只能在床上从这边滚到另一边，或是从左边翻到右边，别无他法。

起身坐在床上，看对面楼上有一户人家的灯、电视都还亮着。可等她爬下床走到阳台上时，发现不知什么时候，对面整座大楼已酣然入睡。刚刚亮着灯的房间，不着一丝痕迹，像一个作案手段高明的窃贼，在深夜闷不吭声地偷走了最后一丝希望。

她独自倚在寂寞的阳台边，看下面的树和房屋混成一片，分不出谁是谁的轮廓。它们应该是睡熟了，只有自己还在睁着干涩的眼睛久久不能入睡。池蓉孤独地面对着这个黑夜，无奈之下走进书房，抱起笔记本又来到卧室的床上。她只能让这个电子产品里的虚幻世界打发自己难以成寐的夜晚了，明日又是困乏的一天。

像这样的日子已经不是第一次遇到了。最近一段时间，池蓉夜晚

你好,我亲爱的独居时光

时常难以入睡,睡眠不深,睡后多梦。好容易睡着了,一旦被吵醒后再想睡就很困难了,到了白天就很疲乏、困倦,心情焦虑。这样的情况每周至少发生三次,并持续一个月以上。没过多久,池蓉被折磨得面色憔悴,真的是苦不堪言,她知道自己这是患了失眠症。

有句话叫有目标的人睡不着,没目标的人睡不醒。在这个有史以来压力最大的时代,我们不管是被自己或环境逼着,都不得不往前冲,于是乎每个人也都共同获得了一种经验,那就是入睡困难。对于长期体验失眠的人来说,最幸福的事莫过于在上午的阳光中醒来,欣喜地发现自己昨晚竟然不知不觉中睡着了。

我对睡不着的解释就是自己肯定还不够累。为什么这样说呢?因为身体不会说谎,它传达给我们的信息都是百分百真实的。如果身体今天没有显得疲倦,不管是因为焦虑、悲伤,还是兴奋等任何原因,身体都是在说"主人,我现在还充满着精力,我并不想躺下去睡觉"。所以睡不着并不是你的错,也没什么不应该,不妨把身体当成你单纯的小宝贝,你尝试哄它却发现它今天精神得很。

所以,我们首先要放下的就是精神上的负担,最重要的,就是接纳和包容你今晚"睡不着"的事实,把"我睡不着了"的陈述换成"我今天不想睡"会顿时减轻你的压力。"好吧,睡不着肯定是我的身体并不累,所以它不想睡。"那么下一步,究竟是平静地继续趴在床上等待身体的精力耗尽,还是索性起床去兴致勃勃地做点什么,就都可以由

第三章 思念：一个人的夜晚

你自己随意地做出选择了。这个时候你已经温柔地包容了自己，也就必然已经可以有效地制止自己的愤怒：比如"都几点了，我到底在干什么！"或者是担心："我这样会不会伤肝，内分泌紊乱不美丽啊。"而这些随之而来的心理压力才是我们真正的敌人。

当然，赶紧入睡仍然是我们大多数人的愿望，在此我要说的不是什么睡前泡脚，或者睡前一杯牛奶，更不是数羊，我相信这些你早都试过了，并且和我一样发现它们并不那么管用。

我想说几种更可能真的能帮助你睡觉的方法。第一种是按摩肚子，双手平放并紧贴在肋骨上，向下用适当的力度按，这样按着往下走，经过你的整个腹部，直到腹部底端。如果你睡不着，多数人会觉得在这个按摩的过程中肚子会有点疼，因为当你有压力的时候，经脉是有气滞的，而腹部是全部经脉都会通过的部分，你可以通过这样由上而下地按摩自己的腹部来按摩所有的经脉，赶走堵塞的东西。

经过这样慢一点地不断循环按摩，想象着你在把阻塞的经脉全都打通，血液在重新流动起来。大概五分钟之后，你会感觉腹部的疼痛开始减轻，并且有一股热力在往头上涌，冲得你有点睁不开眼。这个时候，你通常就想睡了。

另外一种在实践中非常见效的办法，就是找到你的催眠曲。你可能会说，不就是听音乐吗？

不，是真正专门的催眠音乐，最好是包含海浪拍案的波涛汹涌的声音。丹·吉布森（DanGibson）就是一位加拿大著名的自然音乐家，

它有一张叫作 *Natural Sleep* 的专辑，封面是蓝色的天空和云雾中白色的月亮。音乐采取的是夜晚海浪平静而有节奏的荡漾声，以及海鸥的声音和低沉而异常缓慢的管弦乐。

这种频率超低且节奏均等的音乐会慢慢让你的呼吸和心跳都缓慢下来，同于音乐的频率。那种不可抗拒的人音共振曾经让很多在白天坐着的人眼皮沉重起来。如果你没办法找到这个类型的音乐，听听带指导语的让你浑身放松的瑜伽音乐也能起到同样的效果。

在这个过程中，起关键作用的就是：你将被缓慢的节奏影响，被动地接受外在的频率而安静下来的这一过程。

池蓉有一次出差，住在旅馆，但她正好是一个换了地方就睡不着的人，翻来覆去到凌晨三点的时候终于无奈地打开电视，听到咿咿呀呀的京剧突然觉得很放松，于是就闭上眼睛听着，结果竟然睡着了。从此以后，京剧也被纳入了池蓉的催眠曲。

失眠很多时候是一种恐惧——害怕睡不着这件事会对自己产生灾难。失眠有时却是一种控制——担心自己一旦睡过去就失去了对全盘的控制权，将会发生意外。不过，如果总也睡不着超过两周，加上情绪低落和兴趣减退的话，那么就非常建议去做个心理咨询了。因为神经衰弱或者是抑郁症，还有脑器质性病变等，也都会出现持续失眠的症状，要及早治疗。

第三章 思念：一个人的夜晚

 小 贴 士

一些可以帮助快速入睡的小妙招

1.最好的睡眠时间是在11点30分以前。尽量养成在这个时间以前睡觉的好习惯。因为一旦习惯晚睡，就会越睡越晚。

2.给自己买最喜欢的床上用品，柔软舒适是第一位。当然也不可忽视颜色。色彩不宜过多，一般而言，蓝色调系列、粉色和米色调系列比较容易营造宁静的氛围。特别要提到的是青色的催眠作用。

3.使用薰衣草的香薰，可以缓解压力、促进睡眠。

4.睡前喝一杯热牛奶，以100～200毫升为宜，可以促进睡眠。怕胖的话，喝脱脂牛奶。

5.晚上运动一下，可以帮助睡眠。

6.买一个大号的公仔或抱枕，这个对于不少人都适用。如果是长期一个人住，安全感也需要长期的修炼。最重要的是接纳自己、相信自己，内心变强大了，就不怕一个人睡觉了。

一个人爱上看恐怖片

很多人一说恐怖片就觉得是鬼啊神啊什么的,其实恐怖片的范围很广,像一些犯罪片、惊悚片、悬疑片,都可以包含在恐怖片的范围之中。有的女生看电影只看爱情片,哪怕电影里看到一点血都会吓得花容失色,但还有一部分女生痴迷于恐怖片中不能自拔。虽然害怕,却欲罢不能。

如果是一个人住的人说自己爱看恐怖片,而且还是个单身女孩,大家的第一反应都是诧异,接着就会长叹一声说:"有时间去谈个恋爱不好吗?小心看多了心理变态哦!"还有的人则好奇地问:"你不害怕吗?"

很多人并不理解看恐怖片的乐趣所在,为什么喜欢看恐怖片,因为喜欢把不好的事情想到极致,因为已经不可能再坏了,就可以发现人性中的善。所以,其实喜欢看恐怖片的人才是一群最悲观的人……

据说,女人有几件事男人永远也搞不懂:无肥可减还玩命猛减,

第三章 思念：一个人的夜晚

合适的衣服总在服装店，什么都不买却逛个没完，明知是哄人还特爱被骗和胆小偏偏爱看恐怖片。虽然很多人觉得恐怖片和枪战片、武侠片一样，是男人的专利，实际上喜欢看恐怖片的男人，远远比爱看恐怖片的女人少。

为了验证这个传闻的真实性，小唯还专门就"如何看待女人看恐怖片"这个问题，询问了身边的一些男性同事。结果他们大多都觉得，"爱看恐怖片"不过是女生的一个噱头罢了，如果是和男友一起看，多半是想小鸟依人一下，另有所图；如果是自己一个人看，多半是失恋了，自暴自弃；如果是和闺密一起看，那多半是没东西可看，随便看看。而绝不承认她们是真的热爱那些男人都不敢看的恐怖片。

但是，对于女人，有些事是不能用常理来判断的。就像敢于整容的女人远远高于男性一样，有相当一部分女人也是恐怖片的骨灰级发烧友。小唯就有一个这样的闺密，她不仅可以把嘉年华里的惊险游戏悉数玩遍，更对各种恐怖电影如数家珍，经常呼朋唤友地在家里组织"恐怖片之夜"，小唯就是这样被"拖下水"的。

其实，在没有接触恐怖片之前，小唯最不理解的就是那些喜欢恐怖片和魔术的人。一种是明知道会害怕还要追求被惊吓的快感，一种是明知是假的还要甘心被骗。而且在没有被吓到或者没有被骗到的时候，还会颇为失望，典型的自虐心理。

后来长大了，在社会上摸爬滚打了几圈之后，小唯也慢慢明白了一个道理：世界上最可怕的不是鬼，而是人心。尤其在压力巨大的时候,看一部恐怖片有一种排毒减压的功效。就像一个恐怖大师说的一样:"我们看恐怖电影的主要原因就是寻求恐惧,但我们渴望从恐怖电影中得到的恐惧和对鬼屋、迷宫的恐怖体验相差无几,都是安全的。我们知道,在这一到两个小时中,我们会有灵魂出窍的感受,但我们不会受伤,仍然会有心跳。"

这大概就是恐怖片的魅力所在吧,电影播完,我们在长舒一口气的同时,也会产生一种劫后余生的轻松,生活中的问题似乎也就没那么严重了。

不过,就像任何特效药都有副作用一样,一个人看恐怖片也会留下各种后遗症。因为在恐怖片里,浴室、镜子、厕所、床下都是营造恐怖气氛的典型场景。所以,有的人看完恐怖片后淋浴时不敢闭眼睛,有的人不敢照镜子,有的人不敢去厕所……而小唯的怪癖是,看恐怖片的时候,一定要把腿盘在椅子上,或者把笔记本放在床上,否则就会觉得脚底下阴气森森,好像随时会有未知的什么东西抓住她的脚腕。

即使这样,小唯也认为一个人看恐怖片,绝对是她单身生活里非常过瘾的片断。反倒是有了男友之后,他的胆子比她还要小,看的时候为了不显示出自己的害怕,总是不停地鼓捣出各种噪音,等恐怖镜头过去之后,再凑过来连声问道:"怎么了怎么了?"让她鄙视不已。

俗话说"久病成医",看的片子多了,小唯也总结出恐怖片的一些规律。

一般来讲,恐怖片可分为超自然力量类、杀人类、丧尸类、密闭

第三章 思念：一个人的夜晚

环境逃生类、精神病类、怪物类、探案解谜类、病毒感染类、寄生虫类、宗教传说类、时空逻辑类、吸血鬼狼人类、玄幻梦境、动物类等几大类型。其中欧美的与其说是恐怖，不如用恶心和血腥更为合适，丧尸类就是欧美恐怖片的经典类型；日韩恐怖片则着重于用镜头和音乐营造心理恐怖，恐怖指数更胜一筹；泰国作为近几年崛起的恐怖片新秀，则善于运用因果循环理论来推动情节发展，相当值得一看。而国内的恐怖片相对来说就弱了不少，还有很大的发展空间。

在这所有的类型中，小唯比较偏爱的是逃生类和悬疑类，如日本的《大逃杀》就是她的最爱，但对日本的超自然力量类，如《午夜凶铃》，则始终接受不了。有一次不小心在某杂志的扉页中见到贞子的大头照，她都吓得头皮发麻，开着灯睡了好几个晚上。

她前几天在微博上看到了一句话："不要一个人看恐怖片。一个人看恐怖片比一个人看爱情片还孤独。孤独到一直站在你身后的那只鬼都忍不住想要向前拍拍你的肩膀。然后安慰你说：'不要害怕，电视里演的都是假的。'"

确实，害怕孤独是人类的通病，在一般人的概念中，一个人就是孤独的代名词。但是，那只是孤独的表象。真正的孤独和身边的人的数量并没有特殊的关系。有人说，看恐怖片的时候害怕，其实可怕的不是怪物，而是人心。如果身边的人不是自己所信赖的，那么，人数再多也不会有安全感。

一个人看恐怖片之技巧篇

1.看电影之前一定要先去厕所,免得中途都没有去厕所的勇气。

2.想象自己正在拍摄现场,告诉自己这是假的。

3.看关于恐怖片的制作花絮和NG镜头,例如《惊声尖笑》系列,看完后就不会感到这部影片恐怖了。

4.把电影的声音关掉,或把播放窗口缩小,恐怖气氛会立即减弱,这对擅长运用音乐跟镜头来制造恐怖氛围的日本恐怖片尤其适用。

5.看完了千万不要去回想。

6.准备枕头或被子,看到很恐怖的镜头时真的害怕,就把脸捂住。

7.选在阳光明媚的白天时段,把窗帘拉开,让太阳照进来。

8.看之前可以先到网上查查剧情,或看看贴吧图解,给自己一个心理准备。

9.最后,如果尝试了以上方式仍然感到很害怕,就不要看了,换个搞笑片可能是更好的选择。

第三章 思念：一个人的夜晚

熬夜很危险

我们都身处这样一个忙碌的时代。有些人会用休息时间来弥补学习或工作上的不足；网虫们更是痴迷于网络，甚至占用夜晚睡觉的时间和网友聊天；城市中还有一族就是"夜猫族"，他们喜欢在夜晚呼朋引伴地出去泡吧、喝酒，熬夜对他们来说简直是家常便饭。

每天到了夜里一两点钟，他们仍然耗在网上不肯下线。一到休息日，他们就呼朋唤友出去玩，直到凌晨才回家；还有那些习惯晚上加班的人，一干就干到了后半夜。按说，熬夜困了应该能很快睡着，但他们发现，越是熬夜就越睡不着或睡不踏实，而且还感到抑郁。

对于女人来说，熬夜是美丽的大敌，经常熬夜会给女人的身心健康带来很大的危害。但很多的职业女性在明知其中利害的同时，还在持续着这种熬夜的行为。她们有的是因为工作需要加班而熬夜，有的是因为网瘾或者是沉溺于夜店里的生活不可自拔。不管是哪一种都应该立刻停止，因为人类不是夜行性动物，熬夜是违反生物规律的做法。请跟随着太阳的作息时间休息吧。太阳起床我们要工作,太阳睡觉我们也要睡眠,这才是符合我们身体健康的正常规律。

18:00:今天开了一天的会,明天还要去银行见客户,真累呀!今天回家后一定要早点睡觉,明天还有一个硬仗要打呢……

19:30:终于到家了,天气预报说今天风力有四级,看来不止啊,简直要被吹成梅超风了。晚饭也没有心情做,先打开电视,在沙发上休息一会儿吧。

20:00:貌似有点饿了,桌子上还有早上的面包,凑合吃了吧。

20:15:打开电脑。哇,貌似有几家不错的店上新货了,有两个追的美剧也更新了,王菲和李亚鹏离婚了?不会吧,真是一出好戏啊,得好好研究一下……

20:30:跟帖中……

21:30:哎呀,已经九点多了!明天见客户的资料还没整理呢,还有明天要穿的衣服,得好好搭配一下,要不怎么体现出我成熟干练的办事能力呢?

22:00:有点困了,明天再整理吧,赶紧洗澡澡,睡觉觉。

22:30:洗完澡好舒服啊,头发也没有干,肚子又有点饿了。干脆煮碗面吧,做人嘛,最重要的是开心,嘻嘻。

22:40:看美剧,吃面。

23:50:啊哦,吃饱以后居然困意全无……明天有重要任务呢,赶紧麻利儿关机睡觉。

第三章 思念：一个人的夜晚

00:00：来点睡前娱乐吧……

00:30：一个破手机游戏怎么还整得这么难，我就不信这个邪了，老娘跟你死磕了！

01:00：大半夜的发美食微博！太凶残了吧，一定要严厉谴责这种报复社会的行为，我也来发一些深夜惊悚照片吧，嘿嘿……

01:40：居然有人给我回复了！看来不是我一个人有晚睡强迫症啊。

02:30：完了完了，明天还要早起呢，怎么又熬到这么晚了，明天一定要早点睡！

结果第二天，小暖又一次光荣地在早会上睡着了，挨了经理的好一顿数落。其实她也不是故意晚睡，但每天弄弄这个，弄弄那个，时间就嗖嗖嗖地过去了。

以前在学校的时候，自己的睡眠时间还挺好的，因为宿舍有熄灯时间，一到晚上11点就断网断电，想玩儿都没得玩。现在工作了，自己住了，摆脱了学校的统一管理，反倒不知道怎么规划时间了。每天就算累得要死，也要熬到凌晨一两点才上床，结果早上起不来，上班犯困，晚上精神，形成了一个恶性循环。

其实，这并不是小暖一个人的毛病，而是一个时代的通病。有相当一部分年轻人，尤其是自己独居的白领族群，都承认自己患上了这种"晚睡强迫症"。这种"病"的典型症状就是：私人生活从下班开始，明明困得要死还是继续熬夜，每天晚上台式机转战笔记本，笔记

你好，我亲爱的独居时光

本转战iPad，iPad转战手机，不过12点绝不睡觉，比日理万机的皇帝还忙。

不可否认，我们都身处这样一个忙碌的时代，但忙碌并不能成为晚睡的借口。要知道，对于身体来说，任何休息的手段都不如睡眠来得直接、快速，而且最有效。任何人离开了有规律的睡眠，就等于闯进了红灯区，受到不可避免的惩罚，这个惩罚中最严厉的就是夺取你的生命。

现在越来越多的熬夜猝死案例，也让很多爱晚睡的年轻人意识到，这种对自己不负责任的做法会带来重大危害。但有些人还是屡屡踏进"红灯区"，每天晚上在各种"再玩最后一局""再看最后一集"的想法中又熬到了深夜。

而长期持续这种作息紊乱的生活，最先影响到的就是我们的身体，会让我们感到疲劳、精神不振、食欲下降。更重要的是生物钟都紊乱了，变成白天睡不醒，晚上睡不着。不仅如此，身体的长期疲劳和不适，再夹杂一些工作和生活压力的情绪，一旦失眠，就会陷入对生活的恐慌，并将生活细节中的痛苦夸大，很容易演变成抑郁情绪。

原本应该用来睡觉的黑夜，正在受到严重的蚕食。人类不是夜行性动物，熬夜是最违反生物规律的做法，健康的损伤只是必要的惩处。即使事后使用再昂贵、再高级的保养品，也无法弥补熬夜造成的老化及

第三章 思念：一个人的夜晚

伤害。

所以，不管是因为工作或学习迫于无奈地熬夜，还是因放纵自己浪掷青春而熬夜，都和吸烟一样，过量则对健康有百害而无一利。因此我们呼吁，尽可能地不要熬夜。如果不得已需要在夜间活动，也最好隔天能补足睡眠。补眠时制造黑暗环境（如戴眼罩）对于睡眠品质的提升，有其正面效果。

从今天起，给健康一个机会，逐渐提早上床睡觉的时间。晚上可以听听舒缓的音乐，用热水泡泡脚，毕竟，一个人的自由并不是放纵的理由，懂得给自己限定自由的界限，才能更好地享受一个人的健康生活。

一个人必须熬夜时的补救方法

1.晚饭不能吃太饱，更不要把泡面拿来当夜宵。尽量以水果、全麦面包、清粥小菜来充饥，吃些热量低、富含膳食纤维的东西。

2.开始熬夜前，来一颗维生素B群营养丸。维生素B能够解除疲劳，增强人体抗压力。

3.喝足够多的白开水,绿茶也是一种很好的熬夜伴侣,既可以提神,又可以消除体内多余的自由基。但是胃肠不好的人慎喝绿茶,可以改喝枸杞子泡的茶,可以有解压、明目的功效。

4.晚上天气转冷,注意腿部和脚部保暖,尤其不要冻着肚子。

5.熬夜前千万记得卸妆,或先把脸洗干净,以免厚厚的粉层或油渍,在熬夜的煎熬下引发满脸痘痘。

6.熬夜之后不要倒头就睡,补觉之前先要彻底清洁脸部并做好保湿工作,对改善皮肤有很大用处。

7.如果犯困可以喝咖啡或茶水等提神饮料,但必须要热饮且浓度不宜过高。

8.熬夜时,应时时做深长呼吸。

9.第二天的早饭一定要吃饱,不要吃寒凉的食物。可以吃些富含蛋白质的食物,如豆浆、鸡蛋等,给大脑补充足够的养分。

第四章

学习：一个人打发时间

> 一个人的时候，闲暇的时间一下子多了起来。这个时候更不能放纵自己，因为一个人的时候，时间是最宝贵的，你要做的事情还有很多。

列一张时间表

什么样的人才算是强大的人？孔子在《中庸》一书中专门对此进行了讨论，他认为一种叫南方的"强"，讲究的是宽大柔和，对无理的人也不去报复；一种叫北方的"强"，作战勇猛，不怕死；还有一种，叫自己的"强"，是坚守立场，不随波逐流，立于正道而不偏倚，保持自己的操守不被外界改变，有自己的原则等，而最后这个才是最难办到的。

到了现在，人们对于"强"又有了一个新的评判标准，叫内心的强大才是真正的强大。一个人只有战胜了自己，才能有应对一切挑战的力量。老子也说："知人者智，自知者明，胜人者有力，自胜者强，知足者富，强行者有志，不失其所者久，死而不亡者寿。"老子认为，能用武力战胜别人，并不是一件多么了不起的事情，而战胜自己内心的欲念，坚守自己的内心才是真正困难的事。

瑶瑶上个月正式向老板递交了辞呈，准备完成自己很久以前的梦想——成为一名自由插画师。但是，梦想中的生活并没有她想象得那么

第四章 学习：一个人打发时间

自由。辞职一个月后，她一张作品也没有画出来！虽然每天忙忙碌碌，但时间完全被荒废了。

因为是自己一个人住，为了节省房租。瑶瑶把自己的一居室用屏风隔成了两个房间，一个摆放着各种画具，作为自己工作的地方，另外一边作为自己的生活区。由于没有上班的时间限制，瑶瑶每天的起床时间都在九点左右。起床后，她会先把自己收拾停当，然后出门吃早餐。回来之后，会打开电脑，浏览一下新闻，或看看有没有什么工作上往来的邮件。东看看西看看，时间就到了中午。

虽然脑中有一些关于创作的想法，但下午又有一个朋友聚会需要出门。等从朋友那儿回来，天已经黑了。回家洗漱一番，好不容易拿起笔来准备工作，却累得提不起精神。画了没半个小时，就滚到床上与周公约会去了。

眼看着自己的生活越来越懒散，瑶瑶的心里也非常焦虑。明明每天有那么多时间可以利用，自己却总感觉没有时间。玩的时候想着要工作，工作的时候总想着玩，结果一个也没有做好。

其实，并不是自己的事情太多了，而是自己的自制力太弱了。要想让自己一个人的生活更有效率，就要学会控制自己的欲望，学会时间管理之法。

还记得小时候，老师曾经对我们说过这样一句话：玩要痛痛快快地玩，学要踏踏实实地学。当时对这句话不是很理解，只记住了前半

你好，我亲爱的独居时光

句，后面的一个字也没有听进去。后来，慢慢长大了，学习换成了工作，越来越发现了这句话的重要性。很多生活中的压力和麻烦正是来源于不懂得这句话的真谛，生活干扰了工作，工作干扰了生活，工作的时候想着家里的琐事，生活的时候想着老板的任务，怎么能不累呢？

富兰克林是美国历史上著名的政治家，也是著名科学家。他对自己就十分严格，光制定的原则就有13项之多：（1）节制。食不能过饱，饮酒不能醉。（2）寡言。言谈必于人于己有益，避免空谈清谈。（3）生活有序。有序才能快速地进入工作状态。（4）决心。决心即勇气，一往无前，势不可挡。（5）俭朴。用钱适当，切忌浪费。（6）勤勉。不浪费时间，该做就做。（7）诚恳。不欺骗人，做人思想必须严明。（8）公正。永不忘记自己的责任与义务。（9）适度。过犹不及，避免极端与不及。（10）清洁。让自己与环境同步协调美化起来。（11）镇静。不会因为任何事情而惊慌失措。（12）节制。为了自己与伴侣的健康和孩子的幸福，控制性欲。（13）谦虚。学习耶稣和苏格拉底，越伟大越谦虚。

除此以外，他还为自己制订了一张作息时间表。比如：每天五点起床，规划一天事务，并回答如下问题："我这一天应该做哪些事？"上午八点至十一点，下午两点至五点，全部安排一天日常工作；中午十二点至一点，广泛阅读和吃午饭；晚六点至九点，晚饭并娱乐，考查一天的工作，并且自己问自己："我今天做了什么好事？"

富兰克林的好朋友劝他说："你天天如此，是不是太过于辛苦

第四章 学习：一个人打发时间

了？还是算了吧！"富兰克林摇摇头，说："你热爱自己的生命吗？那么千万别浪费时间，因为时间是组成生命的材料。"

那么，自己一个人的时候，如何有效利用自己的时间呢？这个时候，学习一些时间管理之法，非常重要。

以前看过卓别林表演的一部哑剧，讲的是一个流水线上的工人每天像机器一样工作，其实现代职场也是如此，每天的工作就是一条流水线，大家在流程中做自己该做的事，缺了一环都会影响进度。但是要想把事情做好，还是要分清哪些是必须做的，哪些是可以放放的，这就是工作中时间管理的二八法则，抓住了关键的20%，就能达到事半功倍的效果。所以，弄清自己工作的节点，非常重要。

现在，给自己几分钟时间，好好回想一下自己的做法，是不是犯了上面提到的错误。如果你把大量的时间用来做一些无谓的事情，那你就是个消防队员式的人物，看上去每天加班加点地工作，事务繁忙，其实只是忙于挽救失误，重复处理一些失误。试想一下，这样的工作状态，效率怎么可能上去呢？

看一个人能不能有效地利用自己的生命，关键就是看他能不能抓住事情中最关键的一环。就像每天加班的人不一定是最勤奋的人，更可能是不会动脑子的人。即使有的时候你觉得自己是真的忙，每件事情都必须亲自处理，这也不能证明你就是一个成功的人，这种状态正说明了你急功近利，甚至对自己的人生和工作根本就不负责任。你根本就分不清哪些是重要的，哪些是不重要的。不懂得让别人帮自己分担压力，而是自己扛起所有的事情，这也是影响成功的一个重要障碍。把自己的生活计划一下，或许你会活得更加轻松。

一个人的时间管理技巧

1. 把未来某一时间要完成的工作记录下来。

2. 定期备份重要文件，并马上删除机器中不再需要的文件。

3. 在完成了开始计划的工作后，把接下来要做的事情记录在你的每日清单上面。

4. 保持桌面整洁，需要的文件可以马上找出来。

5. 每天清晨把一天要做的事都列出清单。

6. 把做每件事所需要的文件材料放在一个固定的地方。

7. 记住应赴的约会，如果因为有事而不能赴约，应该提前打电话通知你的约会对象。

8. 对当天没有完成的工作进行重新安排。

9. 制一个表格，把本月和下月需要优先做的事情记录下来。

第四章 学习：一个人打发时间

定时和朋友见见面

　　一个人住的时间长了，最可怕的问题就是——宅。因为身边没有需要自己照顾或者照顾自己的人，出门的理由也就越来越少：饿了，叫外卖吧；衣服，网上买吧，久而久之，语言功能似乎都逐渐退化了，人也变得越来越懒于出门。当有一天突然心血来潮，想要呼朋唤友地潇洒一回时，才恍然发现：怎么一个朋友都叫不出来？

　　关于友情，男人喜欢嘲讽女人之间的凉薄，在他们看来，男人之间的兄弟情可以两肋插刀、义薄云天，女人嘛，哪有什么真正的友情，不过是互相攀比、炫耀的对象罢了，一个男人就能让她们脆弱的友情灰飞烟灭。

　　也许，这些话确实说出了部分实情，但是，不管女人之间的友情有多么不牢固，她们却比任何人都渴望友情的存在。

　　上周，盈盈一怒之下炒了公司的鱿鱼，在众同事膜拜的目光中昂

9

你好，我亲爱的独居时光

首走出了公司大门，把平日颐指气使的主管气了个花枝乱颤。虽然下一家公司还没着落，但以前的积蓄也够她生活几个月。盈盈索性给自己放了个大假，窝在家里从头恶补美剧《绝望主妇》。

一直盼望的假期终于成真了，却没有她想象的那么美好。一周以来，她除了每天疯狂看美剧、偶尔出去觅食之外，竟然都没有出过门！

并不是她想做疯狂的宅女，只是她悲哀地发现：自己竟然连一个称得上闺密的朋友都没有。

换作十年以前，在校园叱咤风云的盈盈是不屑于有什么闺密的。那个时候，她是全校男生的宠儿，长得漂亮，性格豪爽，有一帮陪她闯祸、喝酒、打游戏的"好哥们儿"，慢慢地，随着时间的推移，那些曾经围绕在身边的哥们儿一个个娶妻生子，作鸟兽散。偶尔叫出来一次，老婆查岗的电话此起彼伏，防她跟防贼一样。其实想想也是，盈盈长得漂亮又未婚。最后，为了不影响哥们儿家庭的安定团结，她也就识趣地不再联系了。

社会上认识的朋友呢？盈盈倒在床上，一个个翻看着手机里的通讯录，又一个个地给他们判了死刑。虽然工作上，依然有不少已婚的、未婚的男人跟在她身边凑趣，但个个目的明确，如果没有什么特别的意愿，还是不要去招惹为好。

这个残酷的现实，让盈盈想起了《绝望的主妇》里的伊迪·布利特（Edie Britt），全剧最为风骚的主妇。她身边男人无数，但在苏珊烧了她家的房子之后，她唯一的要求是——"可以被邀请参加紫藤街主妇

第四章 学习：一个人打发时间

们的下午茶聚会"。

谁说女人不需要同性朋友？

美国心理学家开瑞·米勒博士在一次调查报告中公布："87%的已婚女人和95%的单身女人都认为，同性朋友之间的情谊是生命中最快乐、最满足的部分，这种情感关系也是最深刻的，为她们带来一种无形的支持力，就像空气般可靠。"西方心理学家也指出，拥有稳固的同性朋友是现代女性健康生活最重要的方式之一。

无论是悲伤的事情，还是喜悦的事情，女人总是需要有人和她一起分享。在她们看来，向另一个人讲出自己的问题，将烦恼倾诉出来，是一种最自然、最健康的缓解压力的方式。当女人感到她的话被人听进去了，她的感觉就会好起来。就算对方无法给予任何实质上的帮助，但是那种有人分享心事的感觉，有人了解心情的感动，就足以让情绪获得舒展了。

尤其对一个人住的女人来说，一个可以倾吐心情，一起逛街、吃饭、泡温泉的朋友简直是无价之宝。

有了她，她会在你遭遇烂桃花的时候陪你一起大骂贱男；也会在你深夜孤独的时候陪你一起落泪；在你找到一家好吃的餐馆的时候，陪你一起做快乐的吃货；在你慢慢变老的时候，还不嫌弃你没有化妆的脸……女人间的友谊永远跟男人的不同，女人间投桃报李似的交往，是男人一生也无法理解的。你今天送我一件衣服，我隔天会还你一对耳环。对于女人来说，这绝对不是客套或者见外，而是一种加深感情的行为艺术。

这细细碎碎的小事件，就是女人们彼此增进感情的方式。但是，女人的友谊和爱情一样，也是需要经营的，定期安排一些好朋友的活动，才能让彼此的友谊历久弥坚。

尤其在每个人都忙忙碌碌的现代社会，即使在同城，想见一次面都要一约再约，彼此的感情交流变成了在微博上晒美食、晒照片，或者在她的朋友圈发布的新照片下默默地点一个赞。终于见了面，又因为没有共同的话题尴尬冷场，双方低头各自玩自己的手机。没了交流的闺密情，迟早也会愈行愈远。

所以，拥有一个适合自己的闺密圈子，是减少孤独感的灵丹妙药。那么，从哪里选择适合自己的闺密呢？

其实，闺密情和爱情一样，是可遇而不可求的。她可以是你从小一起长大的邻家姐妹，也可以是你工作中的同事，或者是在一次聚会上认识的朋友的朋友，只要你们"情投意合"，很谈得来，有共同的兴趣爱好，就可以发展成相互倾诉、倾听彼此牢骚的对象。

要知道，一个合适的朋友并不会自己从天上掉下来，而需要自己主动去寻找。当你觉得想要倾诉时，当你快乐时，当你孤独时，不要因为害怕麻烦朋友而将自己隐藏起来，因为你的朋友可能也是这么想的。在这个世界上，每个人身边的资源和配比都差不多，只不过有些人善于寻找，而有些人只是被动等待罢了。

第四章 学习：一个人打发时间

最终，盈盈鼓起勇气给几个大学关系还算不错的舍友打了电话。没想到，其中的一个竟然也搬来了她所在的这个城市，并且两个人住的地方相距不远！盈盈喜出望外，当下两个人就敲定了出门逛街的路线。

在女人的友谊中，你主动走出的一小步，有时就能令你们的关系前进一大步。

有人说，现在的女人都缺乏安全感。其实，与其说女人比男人缺乏安全感，不如说是男人让女人缺乏安全感。因为男人会因为你的美貌和青春伴你左右，而一个真正的朋友会欣赏你老去的容颜。

女人是天生的群居动物，有了闺密陪伴，知道生活中有人与自己同行，做起事来会更有底气，信心倍增。即使遇到棘手的问题，也有人在旁边出谋划策。这种闺密式的交往不仅可以收获友情，还能通过对方看到自己的影子，让心里少了孤立感，多了安全感。

其次，为了使这份友情保持旺盛的生命力，就不能仅限于网络上、手机上的远距离交流，偶尔见见面，看看对方的变化，也是一件非常有趣的事儿。

如果害怕两个人见面冷场，可以预先安排一些活动，例如去一家味道很好的餐厅品尝美食，安排一次路途不远的旅行，泡一次温泉，等等。也可以当面凑在一起宣泄一下积在心里的"垃圾"，和闺密们讲各种悄悄话，无论是工作中的压力还是生活中的烦恼，都会缓解不少。

你好，我亲爱的独居时光

温暖的教堂

一个人住的时候，最害怕夜晚的来临。白天的时候，那些被阳光逼到心底最角落的绝望，会在夜幕降临的时候悄然降临：工作的不顺遂、家庭的纠纷、健康的困扰、人际关系的不和谐、恋情的混乱、生活的窘迫……生活中一点一滴的不如意，都可以成为压倒骆驼的最后一根稻草。

那种心底最深处的绝望与无助，既虚幻又现实，却没有人可以诉说——何必让其他无辜的人无端地背上这份沉重呢？

在思源已经度过的二十七年的时光里，她从来没想到有一天自己会主动走进教堂——除了有一次被朋友们逼着在圣诞节当天去教堂做祷告，结果差点被人群挤死之外。在她脑子里，可以和教堂联系起来的关键词，贫乏得只有结婚、祈祷、天堂、耶稣这几个词。

她不知道自己这样的无神论者，是否被允许进入这庄严的所在。

第四章 学习：一个人打发时间

所以，在正式的礼拜之前，她一直在座位上惴惴不安。

很快，来教堂的人越来越多，前后十几排的长椅子陆陆续续地坐满了人，人群很安静，只有喃喃自语的祷告声。在教堂的正前面，可以看见有一个类似讲台的地方，在讲台的右边，是穿着白衣服的唱诗班。虽然不甚熟悉，却有一种令人安心的氛围。

思源翻开桌子上给新人准备的一本《圣经》，却一个字也没有看下去。其实，在最近一段时间里，她正经历着人生中最难挨的一个阶段。半年前，父亲因为肝癌离开了她和妈妈，噩梦刚刚过去，她又被检查出肝部有问题，这个消息如晴天霹雳一样击碎了她的身心。她不知道怎么把这个残酷的消息告诉刚刚从悲痛中缓过来的母亲，她年纪大了，再也承受不住任何不幸的消息了。思源同样也没有足够的勇气去面对未知的未来。

如果有可能的话，她宁愿在自己还年轻美丽的时候，用自己喜欢的方式离开这个世界，也不愿意去面对一点点失去生命的感觉，那太可怕了。如果真有上帝的话，为什么要给自己安排这么残忍的命运呢？她想亲自问一问。

在胡思乱想中，恍惚中听见前面主持的牧师请所有第一次来教堂的人起立，并给他们献上一首歌曲，叫《有一天》：

"有一天，你若觉得失去勇气；有一天，你若真的想放弃；有一天，你若感觉没人爱你；有一天，好像走到谷底；那一天，你要振作你的心情；那一天，你要珍惜你自己；那一天，不要忘记有人爱你；那一天，不要轻易说放弃……"

那一瞬间，思源的眼泪夺眶而出，是啊，自己已经走到谷底，明天在哪儿？未来在哪儿？梦想在哪儿？自己生平没做过坏事，为什么要受到这么严厉的惩罚？礼拜的仪式结束了，教堂的人开始进入小组讨论阶段，但思源仍在最后一排的角落里哭得泣不成声。

这时，她感到有人走到了她的身边，默默地握住了她的手。等思源慢慢恢复了平静，对方才自我介绍说名叫小静，是这座教堂的义工。她没有追问思源伤心的理由，只是慢慢地安慰她："每个人一生中都有感到悲哀和绝望的时候，但我们不能任由这种绝望打垮我们。有时候，那个让我们感到绝望、击垮我们的事件，就是上帝要教我们的课程。人的一生很短，当我们走到最后的时候，金钱、健康、财富、名望，都会离我们远去，只有你这一生所经历的苦难、度过的坎坷，会变成你生命中最宝贵的财富。我们，就是你的同工和姊妹……"

在思源离开教堂的时候，小静送了她一本名叫《荒漠甘泉》的书，并鼓励她一定要坚强地面对生活中的考验。

转眼，一个月过去了，经过详细的诊断，思源的病情因就医及时，得到了很好的控制。只要以后定期来医院检查，就可以和正常人一样地工作和生活了。思源在为重获新生而喜悦的同时，也没忘记在她最苦难的时候给她鼓舞最深的几段话：

"遭遇苦难，常使我们重视生命。每一次死里逃生之后，我们觉得这真是一个新的开始。"

第四章　学习：一个人打发时间

"我恳求你，不要为沮丧留地步。这是一个很危险的引诱——一个精巧的引诱。沮丧使你的心收缩、枯萎，以至不能接受恩典。它把事情扩大，又描上凶险的颜色，使你觉得担子太重太难。"

"如果我们高高兴兴地用爱心负起一切重担来，没有一件重担不能变成我们的福祉。拒绝一个重担，就是拒绝一个生机。"……

这些话，在她这段最无助的岁月里，带给了她无限的温暖与力量。这段时间，一个人在医院面对凶险的日子，让她无数次叩问自己的良心，也让她在渡过难关后，更加珍惜生命。

在我们所有人的梦想里都希望能够"万事顺利，一生平安"，但是，愿望终究是愿望，在我们生命中，每个人都或多或少、或早或晚会经历一些人生低谷，这并不是生命的不公，而是生命的历练。我们要做的不是盯着眼前的苦难哭泣，而是要在这苦难中看到生活中新的希望和转机。

当你感到绝望的时候，其实并不是真的走到了希望的尽头，而是我们在心里给自己判了死刑。如果你在一个人的时候遇上了生活中的难关，不妨去去教堂。这无关宗教，只是给自己寻找一种信仰的力量。

你好，我亲爱的独居时光

养宠物其实很麻烦

每个人刚开始一个人住的时候，都会有一些浪漫的幻想，例如要买一张大大的躺椅啦，要在卧室里铺上漂亮的地毯啦，要买一套精致的茶具啦，要养一只可爱的宠物啦……

但是，当你自己住了一段时间以后就会发现：躺椅上堆满的是各种替换下来的脏衣服；地毯上面竟然积攒了很多头发与灰尘；精致的茶具清洗起来怎么那么麻烦；而在别人家看着逗趣可爱的小萌宠，养起来竟然有那么多想不到的麻烦事儿……

经过几个月的等待，亦彤终于顺利乔迁新居，有了自己的房子。虽然房子面积不大，每个月还要还贷款，但好歹是一个自己的窝呀！从此，再也不用每个月在手机上提醒自己交租日期了，看见想买的家居用品也可以名正言顺地买回家了！

但一个人睡大床的新鲜劲儿还没有持续一个礼拜，这种兴奋感就烟消云散了。离开了单位宿舍，一个人住在空寂寂的大房子里，每天一

第四章 学习：一个人打发时间

个人看电视，一个人吃饭，一个人出门，再一个人回家，除了电视机的声音，连一点儿声响都没有。

为了给房子里添点生气，亦彤决定养只猫。为什么养猫呢？因为她从小最喜欢的动物就是猫了，猫咪又乖巧又爱干净，叫起来的声音甜甜软软的，冬天的时候还能抱着它取暖。于是她立马向朋友们传达了自己的这个想法，准备撒开大网寻找这只"有缘之猫"。

很快，从朋友那儿就传来了好消息。一个朋友邻居家的母猫刚下了一窝小猫，正打算送人。亦彤一听，立刻兴高采烈地赶过去领了一只小猫回来。虽然不是名贵品种，只是一只普通的三色猫，但粉头粉脑，煞是可爱。

临走的时候，猫主人还追着小猫恋恋不舍，一个劲儿地叮嘱亦彤："我家的猫特别聪明，知道在哪里大小便，会自己吃猫粮，你买袋猫砂倒盆里，再弄一碗水、一碗猫粮就行了……"并再三嘱咐，如果养不活一定要给送回来，让亦彤瞬间觉得自己变成了爱虐待孩子的后妈。

回到家，亦彤就按照"猫妈"的吩咐，买了猫砂、猫盆、猫碗等一大堆的东西，给小猫在家里客厅的角落安了家，还给它起了一个名字——"甜甜"。

可刚来到新环境，甜甜就给主人亦彤来了一个下马威：不吃东西。倒在碗里的猫粮每天原封不动地摆在那里，宠物店里买来的妙鲜包和碗里的牛奶，也是舔一舔就不吃了。眼看小猫饿得喵喵叫，亦彤都快崩溃了："小祖宗啊，守着这么多吃的，你到底要吃什么呀？"

没过三天，小猫明显没有刚来时那么水灵了，身上的毛打了结，屁股上还沾着便便，每天从早叫到晚。亦彤睡觉又轻，有一天实在被吵得睡不着了，把小猫拎起来放到了阳台，上床以后又心有不忍，又回到阳台把它提溜了回来，守着它直熬到了天明。可第二天到宠物店一检查，小猫什么毛病也没有。店主还特别告诫亦彤，现在小猫还小，最好不要给它洗澡，可以把打结的毛剪下来，等它长大一些再说。

好不容易小猫混熟了，可以吃一点东西了。它又闹了一个幺蛾子：每天往床上蹦。但因为很久没洗澡，它一爬上来，亦彤就把它抓下去。于是人猫大战就开始了，上来，弄下去，它又上来。把它关在阳台吧，它就不停地叫。亦彤不忍心又把它放回屋，给它在床角铺了一块不用的毯子，想让它安静一会儿。结果早上起来一看，小猫竟然在她枕头边撒尿了！

一瞬间，亦彤的心理防线彻底崩溃了，这不是自己给自己找麻烦嘛……在承认了自己的准备不足和失败后，她还是把甜甜还给了会照顾它的"猫妈"。

有句话说得好，世界上最好的孩子是"别人家的孩子"，而世界上最好的宠物也是"别人家的宠物"，并不是你给它喂喂食、浇浇水，它就可以像你在电视上看到的宠物那样长得懂事可爱、油光顺滑的，你还要付出很多人前没有看到过的辛苦与劳动。所以，如果你不确定自己是不是有足够的时间和爱心，一定不要随便把宠物领回家。

有时候，人的爱也会变成伤害。就像小孩子非常喜欢小鸡小鸭，整天抱在手里蹂躏，结果会导致小鸡小鸭的死亡一样，养宠物的热情也不能只凭一时的喜爱。

我们在街上经常会看到成群成群的流浪猫、流浪狗，其中有很大

第四章 学习：一个人打发时间

一部分就是被一些不负责任的主人从家里扔出来的。如果自己都不能好好地照顾自己，千万不要任性地去领养宠物。

一旦自己有了养宠物的想法，可以先对照下文，看看自己是否符合一个"宠物主人"的必备条件：

1.身体健康。对体质较弱、有过敏史、准备怀孕或正在怀孕、家里有小婴儿的人，不建议养像猫、狗、兔这样的带毛宠物。除非你一直饲养并有丰富的养宠物经验。

2.有相对稳定的住房和适当的生活空间。如果是在外租房，甚至合租房，趁早打消这个念头。

3.有一定的经济基础。毕竟宠物也会生病，需要定期打疫苗，治疗费用、营养费用等也是一笔不小的开支。

4.如果养猫、狗这样的宠物，确保自己有充裕的时间。如果经常要出差在外，还是只养好自己就行了。

5.对所养宠物有一定了解，提前学习相关知识。特别是一些比较冷门或危险的宠物，一定要三思而后行。

6.一旦养了就要负责到底，即使有特殊情况不能继续，也要给猫猫狗狗找一个好的归宿，不能一扔了之。

宠物没有优点，也没有缺点。有的，是人们主观看待自己宠物时的心情。你心情好可以觉得它们可爱，你心情糟糕则觉得他们很脏、很臭。

很多人对养宠物这件事有一个根本性的误解，觉得自己可以从宠物身上得到陪伴。其实，养宠物为的绝不是获取，而是付出。如果你自己都是一个缺乏爱的人，还拿什么去爱自己的宠物呢？

去看一次现场演出

不管你现在是一个人还是两个人，有一点上天是绝对公平的，那就是时间的流逝。只不过，一个人的时候，这种对时间的恐慌感会更加严重。每每无事想来，孤身一人，一事无成，青春不再，一下下的重锤就这样直捣心窝。

如果能永葆青春就好了，这样就可以永远潇洒地过人生了。但是，时间永远不等人，眼看着别人结婚生子，自己嘴上说不着急，心里难免渗出一种苦涩的滋味，就像小时候参加考试，看别人都交了卷，但自己还没答完一样焦急。

但在人生的这场考试中，每个人的试卷不同，难度不同，没有答案，没有审判官。这个答卷是不是精彩，依据的不是你最终的成绩，而是你的失败、你的经验、你做过的事、你走过的路、你收获的经验……

青春是一个人生命中仅有一次的无价之宝，如果它注定要流逝，

第四章 学习：一个人打发时间

唯一的办法就是好好利用这段时光，走出去，去见更多的人，去看更好的风景。只有这样，才不会在年老的时候流泪惋惜，后悔自己是如何虚度了自己的青春。

燕姿虽然年纪奔三，却特别热衷于一件被所有成年人嗤之以鼻的"脑残"行为：追星。不管是港台的、内地的，还是日韩的、欧美的，只要是喜欢的艺人，全都照追不误。以前上学的时候，没钱也没时间，所谓追星顶多是买盒磁带，或买张海报贴在墙上，过过眼瘾。现在，终于可以一个人生活了，她也把这项业余活动正式提上了日程。

每次有明星的巡演，她一定是以最快的速度订票、请假、收拾行李，然后直奔现场。有一次因为没有订到机票，愣是在火车上站了好几个小时，来到了离家千里之外的城市，看完演唱会后，又连夜赶回公司上班。这样疯狂的事，每隔几个月就要上演一次。

身边也有很多人对她的这种疯狂十分不理解：现在网上消息那么灵通，想看哪场演唱会，可以到网上下载高清视频，还不用花钱，"为什么要花几百元、几千元去看演唱会，而不在家里用电脑免费看呢？"

对于这些质疑的声音，燕姿刚开始还分辩分辩，后来也就随它去了。毕竟，嘴长在别人身上，腿长在我身上，别人管不了我，我又怎么管得了他们呢？对燕姿来说，"追星"这件事对她的意义远不限于此。

你以为去看现场演出仅仅是为音乐埋单吗？显然不是，你是在为你整个看演出的经历埋单。

虽然看演出的时间仅有几个小时，但你要联系票务信息，要在一个陌生的城市里订好住处，要找找当地有没有熟悉的人，还可以认识很多志同道合、疯玩疯闹的新朋友。所有这些新奇的体验，都是在家里用电视、电脑观看所代替不来的。就像那些专业的球迷，真要看球赛的话，在家里看电视绝对比看现场更清晰、更舒服，还有慢镜头回放，但到现场看球是每一个球迷的梦想，不是为了知道比赛结果，而是更想感受现场浓烈的气氛和硝烟弥漫的味道。

不管是比赛还是演唱会，不管是相声还是话剧，现场演出的效果和看电视的效果都是完全不同的，用两个词来概括的话就是"真实"与"鲜活"。因为"我在现场"这个条件的存在，使这场节目不再只是节目本身，而变成了一次生命的体验，通过视觉、听觉、嗅觉、感觉留在回忆之中。

几年之后，或者几十年之后，你不会记得你某年某月看了什么电视节目，却会记得自己曾经在哪儿看了一次演出。

微博上曾有这样的热议："你有没有过一次不顾一切的爱情？有没有过一次说走就走的旅行？"说起来非常简单，做起来却不容易。

人都是有惰性的，如果你不是失恋了，也不是有什么目标，又没有推你走，或者让你去的动力，那这个计划将永远实现不了。

在燕姿没有这个追星的"陋习"之前，她每次的旅行计划到最后

第四章 学习：一个人打发时间

都是不了了之，不是找不到朋友，就是同行的人临时有事，或者几个人要去的景点意见不统一……，时间一耽搁，自己心里的劲头也就消失了。反而是现在，只要有演唱会的消息一出来，立刻有时间、有地点、有一堆"臭味相投"的朋友，坐标明确，目的清晰，说走就走。

如果想把一个物体推离原有的轨道，需要有人给它一个力。人也是一样，而这个力每个人都各不相同：有人是美食，有人是美人，有人是美车，虽形态各异，效果却是相同的，都是一个动机而已。

如果给每一个年龄段都选一个关键词的话，那么少年是学业与成长，中年是家庭与责任，老年是健康与安稳，唯有青年阶段代表的是尝试与激情。

所以，不要总把这份激情窝在家里，关在电脑前。一个人没事的时候，可以独自一人或者叫上几个志同道合的朋友，去看一场演唱会，去听一场音乐剧，或者去听一场相声，去看一次话剧。在全场的沸腾之中感受一次激情的爆发，感受一次现场所有人或热烈或深情的共同情绪。那一刻，你一定会觉得物有所值，因为自己喜欢的东西在心里的价位，已经远远高出了标的那个价位。

当然，最后还要提醒一点，凡事都有"适度"二字，不管是看什么演出，都要考虑自己的经济和时间，在自己能力允许范围之内选择合适的机会，不要让一时的冲动给生活带来麻烦，那就得不偿失了。

一个人去看演唱会的注意事项

1.安全：尤其是一个人去陌生地方时，最好结伴而行，并告诉家人自己的去向。不要随便相信陌生人的邀约，可以投奔在当地的朋友或同学。在外面时，不要吃、喝陌生人给你的食物和饮料，即使聊得多么投机，也要有警惕心理。

2.防盗：如果是热门的比赛或演唱会，临近开场时场面会非常混乱，很多小偷会浑水摸鱼，因此尽量不要带太多东西。如果你看的那场演唱会有明星周边区的话，可以提前去购买。

3.装备：可以带荧光棒、口哨、海报、手牌、望远镜等装备，但DV机、易燃易爆物品、有毒危险物品，以及刀具、金属器械、瓶装或罐装饮料绝不能带入场内。

4.着装：女性观众尽量不要穿裙装和高跟鞋入场，以免发生紧急事件时会行动不便。

5.假票：买票一定要通过正规渠道购买，以免上当受骗。

第四章　学习：一个人打发时间

看些真正的书

古人有一句话，叫"读书破万卷"，读一万本书才能算是一个读书人。也就是说：一个人如果从七岁开始读书，每三四天读一本。那么一年三百六十五天，就是一百本。那么需要读到一百多岁，才能达到"破万卷"的程度。

但是，现在真正沉下心来读书的，又有几个呢？每天9点上班，6点下班，12点睡觉，除去必要的生活事宜，一天晚上有四个小时读书，十天读一本书，已经很不容易了。这样算下来，一年才能读20本书，我们的一生才能读多少书呢？

如今，有很多年轻人抱怨，说自己生活中遇到了很多问题和困惑，例如工作，例如爱情，他们觉得非常苦恼。其实，对于生活中的很多问题，你并不是第一个遇到的人，很多问题的答案你都可以在书里找到解答。如果你觉得自己的困惑特别多，其实是你书读得太少了……

一个人的时候，与恋爱中成双成对的人不同——他们一部分时间

你好，我亲爱的独居时光

要用于双方的互动，一部分也要用于吵架，然后再有一部分用于吵架后的解决。一个人的时候，也不同于那些每天都要为了肩负家庭的重任而劳碌奔波的已婚人士。你立刻会发现你的时间太多了，即使做完必须做的事情之后还绰绰有余。有的时候时间是需要来打发的，但是把多余的时间全部打发掉也是一种资源的挥霍，毕竟时间是宝贵的，时间是财富，很多人都因为没有时间都没有办法读书，而此刻你的时间就是机会。

这里所说的读书，是实实在在的学习，这里的书指的不是情节跌宕的小说，也不是让你丝毫不用动脑的网络长文——它们不是不可以读，但还是要认清它们的本质是娱乐，是放松，本质上和听故事、看电视剧等摆脱无聊的行为没有区别，不是要你放弃娱乐，只是应该至少把它们限定在一定的时间内。

大把的时间是你学习的机会，而真正的读书就是你努力的方法。

《圣经》上说："日光之下并无新事。"同样，我们的很多烦恼和困惑，貌似是我们自己原创出的新经历，其实早就被先贤大师们研究过了。

在很久很久以前，那些关于人生中种种问题的研究报告已经被记载为文字。只要多看看这些记载智慧的书，你不难发现先人们对你现在的问题的洞见和所提供的解决之道。现在的培训虽然很多，各种技能、知识都能学到，但是教授智慧的课却难觅一二。

智慧其实也是一种专门的知识，是有关人生的知识，是一种经验

第四章　学习：一个人打发时间

性的科学，它虽然无形，却又无处不在，精密地影响着你所有的内心配置。智慧需要经验，需要沉淀，需要总结，它是关乎价值观、存在之道以及思维方式和问题解决出路的事。各个方面的培训很多，但是你也许未必能从中受益，因为身处商业活动中的你，可能更关心的是如何在一个培训班上构建更多的人脉，所以多少会令你用心不专。是什么造就了一个导师呢？当然是博览群书了，那么你又为什么不能直接去接触他们的第一手教材呢？所以自己去读书也就够了。

你或许曾经对某个作家、哲学家、艺术家有着良好的第一印象，那么就拿他来作为第一个读书目标吧。不过需要注意的是，为了避免被误导以及自己功力不深而断章取义的情况出现，先了解作者的生平经历、性格以及成书的背景是很必要的，这可以避免你突然把某一句话当成了绝对化的不可妥协的座右铭，却不知道那只是加强了一种错误的自我防御机制罢了。所以一定记得先去深入地了解一下他们的生平，然后再去读他们的作品。

如果你感兴趣的是某种理论，那么读原著就显得非常必要，尽量不要读浅显的解读和介绍。因为很多时候，媒体传播的讯息是充满谬误的，那么它们给大众留下的印象也不可避免就是错误的，因为现在的媒体本身也很浮躁，很着急，传播的人很可能没有去真正考证过，于是就仅凭主观印象歪曲了原作者的本意。

既然这里说的读书不是休闲，而是提升，那就让我们拿出点认真做学问的精神来吧。假如你一直对马斯洛的需要理论和自我实现感觉

你好，我亲爱的独居时光

不错，那么你现在就有时间去慢慢咀嚼他的《动机与人格》，让他本人对你说话；假如你对爱默生钦慕已久，为什么不去真正看看他最经典的《人生十论》呢？通过读原著，你可以弄清自己一直模棱两可的概念，让原作者给你一个确定的说法，也许你会发现，它与你过去的印象是截然不同的。

"单独是与神在一起"，这种真正的读书是具有实实在在的力量的。在你真的调动起大脑去读书的时候，你混乱的内心会得到整合。当你单独静下来思考的时候，你会很容易看清长期困扰你的问题的症结所在，并且会发现做出一个正确的决定并不困难。

真正的书并不用读得很快，一本《道德经》只有五千多字，但是你永远无法像看小说情节那样迅速。真正的书就是要让你慢下来，让你处在一种深刻的沉静当中，这是它在给你智慧的时候另外附加给你的精神状态上的变化，这种状态所蕴含的能量将对你有帮助，你会感受到智慧、平静、深刻、真诚纷至沓来。

要把读书当成一种功夫。真正的读书是个任务，而不是一种休闲，它就像练功一样。但是当你练得久了，你可能会发现这任务并不枯燥，而休闲才真是无聊。如果你刚开始觉得没有耐心也不要立刻放弃，因为它蕴藏深刻的真理和智慧，需要你消化，所以每次看一两节是最好的，它韵味无穷，所以真正的智慧书都显得那样少，尤其是中国古代的书籍，饱学之士的著述常常是只有数千至万言，但是字字珠玑。

为什么我们看到古人到老还在读书？有那么多书可读吗？当然没

第四章 学习：一个人打发时间

有,他是在读他已经读过很多遍的书。渐渐地你也会体会到,读书会成为你的内在力量之源,也许就那么两三本,对你的指导意义的重大,足够你一生一遍遍地反复品读。

一个人住的日子虽然显得百无聊赖,但是如果有一天突然结束,你也会感叹它的宝贵和不常有。如果你可以每天拿出一个小时的时间去读些有益的书,一段时间后,你会惊奇地发现,自己的很多自身情绪、人生坐标和人际关系的困扰全部有了答案,于是真心后悔自己过去只知道寻求感官刺激却变得越来越迷茫,甚至付出了很多代价,却不知道这一切的答案都已经被写在书里。从此,你成了焕然一新的一个人。

如果现在你是一个人,并且有很多闲暇的时间,那么就多读读书吧,千万不要不识得这天赐的良机与眷顾啊!

来一次短途旅行

刚开始一个人住的时候,最难打发的就是时间。因为没有了交谈的对象,没有了需要沟通的问题,时间就出现了大块大块的空白,闷得让人窒息。

但没过几天,当你熟悉了这种一个人的节奏,时间流动的速度也就加快了,有时候只是想午睡一会儿,醒来的时候却已经能看到晚霞。时间就这样一天一天地过去,间隔越来越远,时间走得越来越快,生活像按下了快进键。

专家们说人的大脑有一个功能,会对陌生的东西扫描、归类,存储在大脑之中。而对熟悉的事物则选择视而不见。所以,我们在小时候会觉得时间过得好慢,而长大以后会感觉时间飞逝,甚至有时候会觉得"一下子一年就过去了""一下子年龄就变大了"等等。事实上,这种感觉其实是大脑给你的一个信号:你,需要接触一些新鲜空气了。

第四章　学习：一个人打发时间

双双是个很喜欢旅行的人，她平时喜欢看电视上的旅游节目，浏览网上的旅行论坛，隔三差五查询网上的打折机票，她对旅行的热情可以说无人能比。每次看到别人的旅行照片，或者在看《穷游××100天》之类的书时，她都会激动得心潮澎湃……实际上，她从来没有过一次真正的旅行。

其实里面的原因也很简单。工作太忙，节假日景点游人太多，或者最近正好没有什么闲钱，好不容易鼓起点勇气吧，却总会有朋友在她耳边絮叨："别去了！外面很危险，坏人很多，姑娘家一个人跑那么远，出事了怎么办？"便立刻让她打消了这个念头。

虽然旅行是她的真爱，但想到要一个人在外住旅馆，一个人孤独地在景点前自拍，还要面对周遭人异样的目光"啊，那个女生是一个人旅行的耶"，她觉得自己还是没有这个勇气。

有人说："所谓的旅行，就是人们从自己待腻的地方，到别人待腻的地方去。"这个说法不无道理。但是，人们对于远方的热情似乎根植于自己的基因。据英国《每日邮报》的一项调查显示，在人们临终前的遗愿中，几乎所有的人都写上了"旅行"一项。

所以，当今年又一波旅行热潮在朋友圈内流行起来的时候，那些充满蛊惑性的，关于"再不出走就老了""去远方寻找自由"的言论在她耳边萦绕不绝。双双又开始坐不住了，甚至想过要不要辞职去旅行，以免自己的青春留下遗憾。

很快,她的理智又一次占了上风,她还是没有朋友那样大的勇气。旅行再好,也是她生活中的一部分,不是全部。以她认真好强的性格来说,即使辞职去旅行,也不会过得比现在更加快乐。

几番权衡之下,她决定拿出一个折中的方案:利用周末做一些短途的旅行。其实,这个方案也并不是她的原创,而是受了一本书的启发。

在日本小说家山本文绪《三十一岁又怎样》一书中,描写了一个热爱旅行的女人,她每个周末都会进行一次"礼券店旅行",用一张地点、出发时间和座位都定好了的票来决定旅行地点,并在那儿住上一晚,却"从来没有非去不可的目标,纯粹只是想去哪里走走",这恰恰与双双的想法不谋而合。

所以,虽然双双并不了解这个日本的礼券店,但她觉得这个方法实在是好极了,并马上决定在这个周末开始自己的第一次短途旅行。

刚开始,由于路途较近,她选择目标的方法也非常随意,有时搭火车,有时坐城轨,有时随便搭上一辆大巴,想到哪里就去哪里。只不过有时的确遇到了好的风景,而有时被拉到了荒无人烟的终点站。

后来,她开始学着给自己的旅行定一个主题,例如"一天一夜的美食之旅""去郊外的单反之旅""冬天的温泉之旅"等等,再根据自己的主题,在网上提前做一些功课,安排出大概的路线。果然,这样稍

第四章 学习：一个人打发时间

作准备之后，她的短途旅行的质量就大大提高了。

而经过一年多断断续续的小旅行，双双的生命中也增加了很多新鲜的体验：在出门旅行之前，她一直是个优柔寡断、没有什么主见的人，即使和别人一起活动，也总是顺着别人的意思。但自己一个人旅行时，因为没有人可以依靠，即使迷路了，也只能一个人拿着地图，背着背包，边走边问地"寻宝"，从而慢慢发现了自己真实的想法。

有一个心理学家曾经说过一个结论：人们在自己单独一人的时候通常会做出正确的判断，而让一群人做选择，正确率却大大下降。有时候，给自己一段独处的时间，也可以发现生命中的很多美丽。

因为是一个人的旅途，所以你不必迁就别人的想法，你可以匆匆赶路，也可以在一个地方好好待上一段时间，而不急着去往下一个目的地，也可以找一个安静的地方，慢慢地喝茶晒太阳。因为出行的时间较短，不必担心会花费太多的时间和精力，反而可以养足精神，再去面对未来五天繁重工作的劳累，而周末的旅程，也是给辛苦工作的日子最好的回报。

所以，如果你不希望自己一直处于"在路上"的状态，或因为种种原因很久都未能出行，不妨给自己平淡的生活加些料。也许是在这个周末，也许是在下个周末，给自己一个放松的理由，开始你的短途旅行吧！

一个人旅行的几点说明

1.背包：一个好的双肩背包可以解放你的双手，让你的旅途更加轻松。选择背包时，肩带或腰带要宽，海绵要厚，最外层和最里层材料要防水。

2.应急物品：军刀、手电筒、药品（例如薄荷膏、创可贴、黄连素、花露水等）、小本子和笔、备用零食。

3.电子产品：手机、相机、手机充电器、充电宝等。

4.徒步鞋：一双舒适的鞋子可以让你的旅途更加持久，尤其是在遇到恶劣天气和泥泞道路的时候。

5.重要的东西看管好，如身份证、学生证、现金或银行卡、火车票等，提前兑换些零钱也非常有必要。

6.提前查好此次旅行的大致路线，最好带上攻略或地图。

第五章

成长:一个人的棘手问题

有些事情一个人做很快乐,有些事却是大忌。一个人住难免碰到一些解决不了的问题,不能逃避的时候,就去面对吧。

一个人生病没人疼

一个人的生活并不可怕，习惯了以后，甚至还有几分逍遥的感觉：虽然没有人等你回家，但你也不用等别人回家；虽然没有人给你说甜言蜜语，但也不用为了一点小事吵得鸡飞狗跳，一个人自给自足、自娱自乐，生活虽简单却也有简单的快乐。只有一个时刻，会让你动摇再继续一个人过的决心，那就是：生病。

一个人躺着养病，没有人照顾；一个人去看病，没人帮忙挂号、拿药；一个人在异地，没有爸爸妈妈在身边；一个人身体很难受，还要自己挣扎着起来找吃的喝的；一个人没人提醒吃药，所以又忘了；一个人强撑着，却没有人关心自己的病情……一个人生病时的种种惨状，似乎都昭示了人生的失败，让人禁不住一遍一遍地思考：这一个人住的日子什么时候是个头啊……

如果生活是一场电视剧，那上帝一定是世界上最好的编剧。如果现在有一个机会，让你重新回到一年前，那你肯定打死也想不到，在这

第五章　成长：一个人的棘手问题

一年中发生的事情，既是生活的惊喜之处，也是生活的残酷之处。

而对二十七岁的雁华来说，这一年中发生的反转就像坐过山车一样跌宕起伏，让她无所适从。

在快速经历了分手、一见钟情、同居、出轨等一系列事件之后，雁华搬出了两个人所谓的"家"，在公司附近重新租了一个。她的行李很简单，大部分还留在原来的家里，只拿出了简单的换洗衣服和生活用品，就像她刚来到这个城市那样轻装简行。

看着如此狼狈出逃的自己，雁华不敢细想。只感觉像从过山车上转了一圈，终于落地了一样，生活又一次回到了原点。看似一样却又有那么些不一样，到底是哪里出了问题，她不敢去想，也没有时间去想。她能做的，只是跌跌撞撞地往前跑，仿佛跑得远一些，就能装作这些事情从来都没有发生过一样。

但是，她的伪装骗得了别人的眼睛，却骗不了自己的身体。在经过种种折腾之后，雁华终于病倒了：头晕、胃痛，哪儿哪儿都没有力气，新居还什么都没有购置，连测测体温都不能办到。她干脆跟公司请了假，安慰自己说："没关系，没关系，一切都会好起来的。"

生病的第二天，她发起了高烧，胃痛也一阵阵袭来。迷糊中睁开眼睛，空落落的房间里只有死一般的寂静。她一动不动地躺在床上，不知道活着到底还有什么意义。现在这种孤单的场景，曾经是她最怕的场景之一。

以前，雁华最害怕的就是孤单，怕没人陪，怕嫁不出去，怕一个人生活艰辛……如今，自己一个人生病在外，无人问津，陷入了真正的孤单，却似乎没有想象中那么可怕。生活中总想要人陪，就注定会失去，自己为了明白这个道理，付出了那么大的代价。

胡思乱想中，电话铃声响了起来，是妈妈的电话。铃声响了很久，她始终没有接听的勇气。想着从小那么疼自己的父母，把自己捧在手心里养到这么大，如今这个女儿，却受了这么大的委屈……她对不起自己，更对不起父母，心中的情绪终于决堤，她大声哭了起来。

哭到后来，身体的感觉慢慢麻木，就只剩下了痛，却不知是身痛还是心痛。所有的事情都发生得太快了，由不得她去思考。拉开窗帘，外面的天已经黑了，看着下班回家的人，她的思维都有一些恍惚：我是在哪里呢？要去哪里呢？那些匆匆忙忙的人，一个也不管我的死活。

也许离开这个城市，回到父母身边会好得多吧，起码有爸妈，有朋友，也不至于这么孤单。但如何和爸妈解释呢？这又是一个难题。她机械地想着，脑子乱成了一堆麻，还没理出头绪，就沉沉地睡过去了。

早上醒来的时候，太阳已经升得老高，阳光从没有拉窗帘的窗户倾泻下来，照在光洁的地板上。那一刻，雁华突然觉得心里一阵轻松，高烧退下去了，生命之轮又开始继续运转。

有人说，凡是经历过爱情的男女，大抵都会经过这三个阶段，不过是：对不起，没关系，谢谢你。这世上有一个人平白无故地爱过你，或被你爱过，会有什么理由呢？这本身就是一段难得的经历。

回想一下这么多年的生命中，有没有你曾经伤害过的人，有没有曾经伤害过你的人？有没有爱着你的人，有没有你正在爱着的人？我相信答案一定是肯定的，更有可能的是，也许你正在恨着的，或正在爱着

第五章 成长：一个人的棘手问题

的，恰恰是同一个人。

李安的《少年派的奇幻漂流》里面也说过："人生就是不断地放下，遗憾的是，我们都没有好好告别。"这道理人人都懂，就是做不做得到的问题。其实每个人都知道，失恋了，时间过了你就会好的，或者是你再交下一个肯定会好。可有些人失恋了一年、两年、三年，永远走不出阴影，也就永远得不到更多的东西，因为看不到身边的幸福，永远被乌云笼罩着。

其实如果你真的放下了，坦诚地去面对自己，走出这一步，就可以见到阳光。不用去计较真假，重要的是你想要过什么样的生活，你选择去过什么样的生活。

也许这一年的时间也是生命中的一场高烧吧，难受之后，就获得了免疫力。想到这儿，雁华的脸上露出了难得的微笑。

我们总是习惯于别人的陪伴，而过于低看了自己的力量，所以想拼命抓住每一根稻草，似乎这样才能保留住一丝温暖。但是，我们的孤独是与生俱来的，身边的每一个人都是过客，我们不可避免地要独自面对病痛，面对伤害，直至面对死亡。有谁能代替我们呢？既然无法逃避，就要好好地接受它，面对它。

一个人的孤独不可怕，在喧嚣中的孤独远比独居中的孤独还要苍凉；一个人的生病也不可怕，人心中的疾病远比身体的病痛还要恐怖。所以，一个人生病的时候，就当是上天为自己放的一个假期吧，可以停下来看看自己，看看生活，等一切都准备好，再重新整装出发吧！

一个人生病时的小贴士

如果只是感冒发烧之类的小病,不需要去医院看急诊,可以选择自己在家静养,提前做一些准备可以让你养病更安心。

1. 准备一些自己喜欢的食物,例如果冻、布丁、果汁、水果等,没有胃口的时候可以拿来充饥。当然,记下几个外卖电话也是很有必要的。

2. 家里常备一个小药箱,预备一些例如感冒冲剂、退烧药、消炎药、创可贴、体温计之类的常用药品和物品。

3. 没力气自己烧水的话,可以提前买矿泉水或者运动饮料,帮助自己恢复体力。

4. 养病的时候要注意休息,把需要用到的东西放到可以方便取到的地方。

5. 可以和朋友、父母打几个电话,这个时候亲友的安慰是最有效的心理支柱。

6. 如果病情严重了,要尽快去医院看病,不能死扛,可以找亲近的朋友陪你一起去。

第五章　成长：一个人的棘手问题

钱不知花哪儿去了

如果问一个人生活的感受，最大的体会就是：独立。摆脱了父母的庇护、学校的管理，自己赚钱给自己花，也不用跟谁报告花销去向，真是太爽了！但是，一个问题接踵而来，那就是：兜里的钱永远都不够花。

明明一个月也有固定的收入，但银行卡里的存款却总是三位数；工作的日子也不短了，却还时不时地要父母给点零花钱，每个月的月底都捉襟见肘，却没见身边有添置什么值钱的东西……老天，我的钱究竟都花到哪儿去了？

不知道是不是今年的黄道吉日特别多，从十月份开始，各路亲朋好友便开始从各个渠道向梦蕾发布自己的结婚喜讯，末了还一定要加上一句："一定要来呀！"

你好，我亲爱的独居时光

伴随着这句话，梦蕾心里的小算盘就已经打得啪啪响了：这个月总共接了五场婚礼，推掉了两个，一个婚礼随礼五百，再加上误工费……啊啊啊，梦蕾顿时抓狂了：这是什么陈规陋习啊，要是法律规定，结婚的人给每一个宾客发一个红包，我肯定个个到场，还全程笑脸相陪呢！若是不去，偏偏这几个还都是关系不错的姐妹，实在推托不掉。唉，误交损友，误交损友啊！没办法，新衣服啊，你就在橱窗里再等我一个月吧……

可到取款机那儿查看了一下余额，梦蕾傻眼了：明明记忆里自己卡里还有好几千块啊，怎么就剩这么点儿了？莫非被人偷偷取走了？

正在梦蕾手忙脚乱打算报警的那一刻，她突然想起，上个月她刚刚交了三个月的房租。看着银行卡上可怜的数字，梦蕾又一次叹了口气：现在很多人一直在讲"理财""理财"，但是对于很多收入不稳定，或者暂时收入不高的人群来说，别说理财，连攒钱都是个问题，巧妇难为无米之炊啊……

其实，并不是梦蕾特别爱花钱，只是她自己都不知道自己把钱花到哪里去了。虽然每个月有工资收入，但是要还信用卡，交房租、水电费，还要买衣服，和朋友应酬，还有像随份子这样的突发事件，一转眼，工资就被瓜分得零零碎碎了。

曾经为了督促自己攒钱，她也很认真地在手机上下载过一个记账软件，结果没过几天，就再也没有打开过了。虽然什么《穷爸爸，富爸

第五章 成长：一个人的棘手问题

爸》之类的书她也看过几本，但是里面都是讲如何投资呀，理财呀，没看几页就被她愤愤不平地扔到墙角积灰去了：我要有投资的钱，就不用这么犯愁了！

其实，对于很多"月光族"的穷人来说，他们缺少的并不是理财意识——不管是基金、股票，还是债券、期货，他们都能说得头头是道，他们缺少的是攒钱意识。尤其是"85后"，好吃穿，好享受，想得开，不喜欢因为攒钱而像父辈那样过着省吃俭用的日子。何况年轻时收入也不多，觉得我这点小钱能做什么呀，还不如现在花了好。结果工作了好几年，一分钱也没有存下来，反而欠了银行一屁股债。

虽然市面上有很多针对年轻人的理财书籍，但大都不怎么实用，如果你不是"官二代""富二代"，那些所谓的投资理财，根本不是你现阶段该考虑的问题。那么，现阶段应该考虑的问题是什么呢？

首先，强制储蓄。这是改变你糟糕的财务状态最直接的措施，不要看不起这块儿八毛的小钱，只要长期坚持，这就是你人生的第一桶金。

不要想着等什么时候有余钱了再存进去，因为只要你不想存钱，你就永远可以找到不存钱的理由。而所谓有钱人的金钱游戏，无非是用"钱生钱"来达到的财富滚雪球的目标，虽然你现在可能连个小雪球都没有，但如果你总是浪费手头的一片片雪花，那就永远遏制了它们成为"雪球"的可能。结果，别人开始滚雪球了，你却只有入手即化的雪花。

你好，我亲爱的独居时光

如果你觉得没有什么攒钱的动力，可以先给自己寻找一个实实在在的人生梦想。例如你要自己创业，要出国，要开一家自己的咖啡馆等，不管这个梦想在现在看来是多么不切实际，但只要你想做，上天就会腾出手来帮助你，不信的话可以多去看看《破产姐妹》。

其次，拉住买东西的手。

对于"有钱不花就难受"的梦蕾来说，这一条可是要了老命了。作为一个终极吃货和某宝买家，她可以为吃上一口好吃的，不惜跑很远的路去品尝美食；每天上班后第一时间就是登录某宝账号，看看有没有店家上新，即使自己不需要，但看到了喜欢的东西，也一定会用很多理由说服自己……结果，花钱买回来一大堆东西，却搁在家里积灰，有的连包装都没有拆开。

如何评判一件东西应不应该买呢？一句话：多买资本，少买负债。资本是可以升值的东西，而像衣服、鞋子一类的东西，在你买下它的那一刻，它就已经开始贬值了。

所以，当你下次再看上什么没有用的东西，而给自己找理由说"女人就是要对自己好一点儿"的时候，不妨变成"女人就是要对自己狠一点"，干脆利落地转身走开。

最后，学会攒钱并不是说让你变成守财奴，而是要学会投资自己。

有人说，年轻最大的优势就是快速学习的能力和时间，尤其是对

第五章 成长：一个人的棘手问题

于女孩来说，青春的时间太短了，不管你现在赚的钱是多是少，都要留一部分投资在自己的大脑和资历上，哪怕去多读两本书，去花钱报个班考个证之类，都可能成为你未来成功的资本。

有句老话说得好："机会总是留给有准备的人。"与其在家里抱怨自己为什么没有一个有钱的老爸，或者盲目地把钱花在"一场说走就走的旅行"和"姐妹们的疯狂shopping"中，不如脚踏实地地做点什么。毕竟，迎接你的不只有今天，还有即将到来的明天呢。

你好，我亲爱的独居时光

一个人的眼泪

  一个人忙的时候最盼着放假，但赶上没有安排也最害怕放假，尤其是一下子连着好几天的假期，就更不知如何安排了。一放假，有男友的女孩出去陪男友，没男友的女孩各有各的安排，只剩自己这一个孤魂野鬼宅在家里发霉。

  出去玩吧，太孤单；风景区吧，人太多；找朋友去玩吧，懒得不想出门；宅在家里吧，又觉得不甘心：凭什么人家都享受大好的假期，我却要待在家里长蘑菇？但还是在各种纠结中，把好端端的假期就这么无端辜负了。等假期一结束，都觉得自己快要得失语症了……

  小艾最近失恋了。男友来自北方的一个小镇，两个人在大一的时候就相恋了，毕业后一起留在了这个南方小城市工作，顺理成章地租房住在了一起。两个人本打算再过两年，攒够首付的钱就买房结婚，没想到男友半道上变了心，并从他们曾经恩爱的小窝里搬了出去。

第五章　成长：一个人的棘手问题

小艾至今都不敢相信这是真的，她为这个男人付出了四年感情，而他竟然为了过上那所谓的"想要的生活"，就这么轻易地抛弃了自己。老天仿佛在跟她开一个大大的玩笑。分手后的几天里，她一句话也不说，不哭也不闹，就像一具没有灵魂的躯壳，每天穿梭在公司和住所之间。

周末，她不知道要去哪里好，也不知道自己要干什么，因为从前的生活里她有男友陪着。现在呢？突然，她发现自己在这个城市里竟然无依无靠。她孤独地蜷缩在床上昏睡了两天，脑海里像放电影一样，断断续续地闪现着以前的每一个片段。但她告诉自己：一定不要哭，一切都会好起来的。

但是，这种坚强只是暂时的。终于在一天早上，她昏昏沉沉地来到洗漱间，忽然瞥见他未带走的装着牙刷的情侣杯。那一刻，她终于忍不住哭了起来，泪水像断了线的珠子，哗哗地往下淌。她一屁股坐在地板上，任凭自己将所有的委屈都哭出来，直到眼泪都流干了，心里的委屈也烟消云散了。

平静下来的她，感到最近几天以来从未有过的舒坦，原来哭一场也能解开心里的疙瘩。她从地上爬起来，把他的刷牙杯子连同牙刷一起扔进了垃圾桶。然后目不斜视地刷牙洗脸，仿佛没有发生任何事情一样，洗漱完毕，把自己打扮得漂漂亮亮的，出门上班去了。

当我们受到打击，心理上承受不了的时候，不管男人女人，最习惯的动作就是忍，忍不了也要忍。找个山洞藏起来，像一只小兽一样独自舔舐自己的伤口。很多人喜欢把这种做法叫作坚强,其实我更喜欢把这个叫作自虐。在这种情况下,大声地哭出来才是最好的排解方法。有研究结果发现:流泪会减轻我们的心理压力,哭后会比哭前感觉轻松了许多,能够帮助我们尽快恢复心理和生理上的平衡。到好友面前大哭一场,或者到无人的野外、大海边尽情流泪吧。哭过了,胸中憋着的不痛快就会随着泪水流出去,心情也会跟着好起来。

从心理学上来讲,流泪是情绪的自然流露。想流泪的时候,不必用理智来压抑痛苦,让自己的情绪顺其自然地发泄。不论是快乐的情绪,还是悲伤的情绪,积聚在心里都不好,通过眼泪排遣出去,可以尽快恢复平和的心态,对我们的身心都有益处。尤其是面对压力的时候,流泪会减轻心理压力,人哭泣后情绪强度一般会降低百分之四十,哭后比哭前感觉轻松,能够尽快恢复心理和生理上的平衡。

其实,悲伤也没什么大不了,如果把生活中的幸福和悲伤都折合成重量,放到天平两端,你认为哪一边会更重一点呢?

人们经常形容幸福是梦幻,是羽毛;悲伤是黑暗,是石块。幸福的感觉让人仿佛漫步云端,而悲伤足以让一个人坠入地狱。这是不是说明悲伤的重量要远远大于幸福呢?但是,一个人从出生到死亡,每一个成长的阶段都会遭受到很多无法避免的悲伤和灾难,例如:亲人的死亡,离开故乡和朋友,失去身体健康,甚至是理想破灭等等,都会让人感受到悲伤的重量。

正因为这些生命中的不可承受之重,当悲伤来敲门的时候,每个人的反应也不尽相同。有的人会恐惧、无助、愤怒、愧疚、紧张,还

第五章　成长：一个人的棘手问题

有的甚至会出现麻木、幻觉、幻想等生理现象，也正因为大部分悲伤的情绪都是令人不安的，所以人们习惯性地逃避悲伤的存在，甚至采取酗酒、自残等很多极端的手段。造成的结果就是：我们越长大越不快乐了。

就像我的一个朋友曾经说的：

"一个人的路，走着走着，就忘了要怎样说话，于是便多了很多积蓄在心底的闷闷不乐。于是便有了一个双面的我：一面是快乐，一面是悲伤；一面在人前，一面在人后。"

其实，这么纠结的命题并不只是她一个人的问题，像这样"灿烂于人前，寂寞于人后"的人还有很多很多，蜷缩在自己的世界里，独自悲伤。

西方一位哲人曾说过：生命质量最高的是孩子。为什么？因为他们从来不会掩饰悲伤。一个一秒钟前还在哇哇大哭的孩子，一秒钟后可能就会破涕而笑，他们不会掩藏自己的快乐，更不会掩饰自己的悲伤，所以，他们最快乐。这种修复悲伤的本能随着生命的增长一点点地消逝了，成年人的悲伤慢慢地转化成了"石油"，埋入地下，不再轻易显露出来，但是看不见的并不是就不存在，埋入地下的"石油"慢慢地形成了一座矿藏，再也不能移动了。这种重量，就是悲伤的重量。

面对人生的种种不顺遂，我们不能阻止悲伤的来临，就像我们不能阻止灾难发生一样。当悲伤来敲门的时候，我们唯一能做的不是躲在门后不应声，等它破门而入，而是要拿起武器，勇敢地打开房门，正面迎接它的挑战。

一个人的自我减压法

1. 自我宣泄

通过不危害他人的方式将内心的负面情绪发泄出来：可以痛哭一场，也可以大骂一通，还可以用笔来倾诉自己的痛苦。

2. 请人疏导

这个办法更灵活一些。当一个人有了心理上的痛苦后，要找亲朋好友交谈一下，然后请他们开导开导，这样不但可以找到解决问题的办法，还可以减轻心理压力。

3. 情绪转移

人们在苦闷时，应当通过看书、看电影、参加社交活动等方法转移注意力，以减轻心理压力。

4. 爱好减压

经常根据自己的爱好去找事干，造成一定的紧张感，如写作、研究问题、画画、搞发明等，这样可以使人变得积极开朗。

5. 寻找修养身心的科学途径

如应注意阅读健身美体、怡情养性的书刊，根据自己的实际情况摸索出一套减轻心理压力的良方。

6. 最重要的是要付诸实施。

第五章　成长：一个人的棘手问题

一个人的家务活

和朋友聊天的时候，自己一个人住的人总能引起别人的关注，一些不知底细的人经常会发出条件反射式的赞叹："哇，你好独立哦，生活能力好强，好厉害哦！"但是，真实情况经常与他们想的南辕北辙。

由于是自己一个人居住，早晨的被子经常是不叠的，看过的漫画书是随手丢在地板上的，偌大的双人床一半睡人，一半完全被杂物占据了……虽然在刚开始决定一个人住的时候，特别希望有个干净的、美美的小窝，可是时间一长却发现：再美好的梦想都抵不住一颗想要懒惰的心……

在瑞琪开始一个人住的生活之前，对"家务活"这个词并没有十分清晰的认识，反正有老妈在家，扔在桌子上的废纸和果皮不用去管，第二天也就没了；吃完饭把碗筷往水池里一放，下一顿吃饭的时候就都干干净净的了。虽然难免被唠叨几句，但依然屡教不改，气得老妈一个劲儿地说："谁要是娶了你，真是家里缺奶奶了！"

你好，我亲爱的独居时光

可真自己住了一个月，瑞琪才算真正领教到了家务活的厉害，原来做家务最痛苦的不是做起来有多难，而是不断重复、周而复始，直到把人逼疯为止。

她这才知道，原来自己是这样一个强大的垃圾制造机。那些吃过的零食的包装、没洗的衣服、用过的碗碟，都是不会自己净化干净的，好不容易收拾一次吧，没过两天就又乱成一团。

尤其让瑞琪烦躁的是她的一头长发，只要自己在家，所到之处无不遗留下长发的痕迹。不管一天梳理几次，都依然照掉不误。虽然长长的头发看上去飘逸顺滑，非常美丽，但只要一掉在地板上，立刻就面目可憎起来。不光难以清洁，还会堵塞下水管道，让瑞琪大伤脑筋。后来，她甚至想出了一个绝招——在头上戴浴帽，才算暂时缓解了这场"头发之战"。

和每个女生一样，瑞琪也喜欢各种毛茸茸的小物件。正好搬家的时候赶在冬天，瑞琪也仿效日本家居那样，给家里买了一大块奶白色的地毯，想着平时可以坐在上面喝喝茶、晒晒太阳、做做瑜伽什么的，多么惬意啊。可惜，一周之后这个梦想就完全破灭了。由于家里没有吸尘器，地毯上很快就积攒了很多灰尘和食物残渣，奶白色也逐渐变成了灰蒙蒙的样子，用手拎着地毯一角抖一抖，就会扑啦啦地掉碎屑。因此，这块地毯没用几次就被瑞琪卷起来束之高阁了。

这些都还是小事，面对家务活最难过的一关就是：懒。尤其在上

第五章　成长：一个人的棘手问题

了一天班回到家，骨头都累散了，哪还有心情去打扫卫生？可是不收拾的话，看着又实在碍眼。做，还是不做？这真是一个问题。

其实，你并不需要为自己的偶尔犯懒充满罪恶感，只要找对方法，一个人的家务活也可以变得有趣起来。

1.听着电视或广播做家务：为了不让自己在做家务的时候感到无聊，可以打开电视、电脑或广播，将其声音当成背景音乐。在自己喜欢的音乐里做饭、擦地、洗衣服、喂鱼，一种世俗生活里的充实感就会扑面而来。尤其当播放的是一些节奏欢快的音乐时，效率更高。

2.改变自己对家务活的认知。不要觉得洗碗、拖地只是居家妇女欧巴桑才会干的事儿，劳动最光荣！只要你没有活在奴婢成群的封建社会，就要学会自己给自己收拾残局。

3.从小事做起。刚开始做家务的时候会容易感到无从下手，因而中途放弃。这个时候可以选择先从小事做起，例如叠叠被子、扫扫地之类，要知道，动机都是在行为里产生的，只要你开始做了，就会越做越起劲儿。

4.学会有效利用时间。早晨散步的时候顺便去趟早市，跳健身操的时候顺便扫扫地，早上出门的时候顺便倒垃圾，把大块的家务分成零碎的小事，就会觉得简单很多。

5.给做家务一个新理由。

据美国哈佛大学和斯坦福大学研究发现：扫地15分钟约消耗60卡

路里能量，手洗衣服1小时约消耗190卡路里能量，烫衣服45分钟约消耗180卡路里能量，擦玻璃窗30分钟约消耗150卡路里能量，用吸尘器吸尘30分钟约消耗120卡路里能量，洗碗碟15分钟约消耗45卡路里能量，收拾物件10分钟约消耗30卡路里能量。不管你想瘦腰、瘦腿，还是瘦小腹，做做家务全搞定。

6.允许房间一定程度的脏乱。做家务是一个持续性的事业，只要你想做，就永远没有做完的那一天。与其被家务活捆绑，不如接受适度的脏和乱，过度追求完美的整洁只会让自己不堪重负。

面对家务活，你见，或者不见，活就在那里，不悲不喜。你爱干，或者不爱干，脏衣服、脏地板、脏碗筷，就在那里，只增不减。既然事实不能改变，与其被动逃避，不如开心地享受。

一个人住的时间长了，瑞琪竟然爱上了做家务的感觉。尤其是一个人心情不好的时候，听着音乐把家里收拾整齐，或者把家里的装饰换个风格，自己烦乱的情绪就会逐渐好转。

古人曾说："一屋不扫，何以扫天下？"一个懂得做家务、会做家务、可以把自己的小窝收拾妥当的人，她的生活也不会差到哪里去。所以，周末的时候，不如试着给家里来个大扫除，把杂物都清出，再换上一套新床单，生活的快乐就是这么简单。

第五章 成长：一个人的棘手问题

 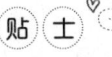

一个人做家务之技巧篇

1. 在抽油烟机下面的小碗内放一圈餐巾纸，吸油效果更好，还不易滴落，清理的时候把浸满油的纸倒掉就好了。

2. 用扫帚扫地时，把报纸弄湿，撕成碎片后撒在地下，可以沾附灰尘，轻松扫净地板。

3. 移除粘贴式挂钩时，可将蘸醋的棉花铺在挂钩四周，使醋水渗入粘钩与墙体的缝隙中，可轻易拆除挂钩。残留的粘着剂也可用醋擦拭干净。

4. 把洗衣粉先用温水融开，再放入洗衣机内，洗涤效果更佳。

5. 清洗因尼古丁而发黄的窗帘时，可先把窗帘浸在加入半杯食盐的水中浸泡，再放入洗衣粉清洗，窗帘就能恢复洁白。

6. 泡过茶的杯子里往往会积聚一层褐色的污垢，可以用细布蘸上少量牙膏，轻轻擦洗，不仅可以洗净，而且不会损伤瓷面。

7. 把干净的旧袜子套在手上擦拭家具，操作非常方便，还能擦到很多不易擦到的角落。

警惕坏情绪

一个人生活，很容易变成一株植物。每天走一样的路，做一样的事，都是独来独往。时间久了，就会积累压抑和忧郁，自己却浑然不觉。

有人说过，这个世界上有三类人：上等人有本事，没脾气；中等人有本事，有脾气；下等人没本事，有脾气。越是不能控制自己情绪的人，反而越不能得到大家的尊敬，甚至成了"莽夫"的代名词。许多人生活平淡卑微。究其原因，很重要的一点竟然是脾气暴躁，无法得到别人的认可和赏识。

我们总是抱怨别人干扰了自己的快乐，工作不开心、老板太挑剔、朋友不贴心、恋人不如意……在这个匆忙的时代里，我们有太多的理由可以让自己不开心。但是，谁说因为这些我们就不可以快乐呢？所谓的快乐不是靠别人来控制的，最终的解释权还是归我们自己所有。

第五章 成长：一个人的棘手问题

情绪是人适应环境的产物，最基本的四种情绪是喜、怒、哀、惧。当各种情绪自由组合的时候，又会产生出一系列复合情绪，比如，当害怕、欲望、紧张掺杂在一起时，产生的情绪叫焦虑；当自卑、愤怒、羞耻掺杂在一起时，产生的情绪叫嫉妒；当悲伤、压抑、担心掺杂在一起时，产生的情绪叫抑郁。

虽然所有的情绪都有其合理的生物学意义，但是我们并不能总是有清醒的头脑和足够的知识来理解它们，于是乎也就常使用一些并不适宜的方法来对待这些坏情绪。

比如，突然有一天晚上，你觉得很悲伤，因为你最近不知道怎么的一直浮想联翩，想起过去的快乐时光，想起了家里父母的疼爱，想起了第一天上小学时候的情景，想起了故乡小河边的那棵杉树，这几天你甚至连做梦都是小时候在家乡的情景，有的时候梦里还会哭醒。

其实这是一种人对待压力的正常反应，往往因为现实的不顺心而引起，用回想过去的惬意来替代面对现在的麻烦，其实是一种下意识的自我防御。如果你没有意识到应该振作起来，勇敢去直面现在那些必须去面对的事情，或者赶快给拖得太久的问题一个了结的话，那么你就会曲解了悲伤回忆给你的信号，你也许会继续拖延，继续做一只把头埋在沙子里的鸵鸟。

愤怒也很常见，在愤怒的时候，你可能视所有人为敌，你可能因为超市的收银员没听懂你的话和她大吵起来，也可能在一种似乎想要堕落的不管不顾中和一群陌生人喝得酩酊大醉，抑或是在深夜飙车，纵声

你好，我亲爱的独居时光

嘲笑被你超过的人都是笨蛋。这常常体现出你的焦虑，以及你对这种焦虑的忍耐已经达到极限，此时你可能企图担任一个实际上你并不能胜任的职位，或者企图控制一些会自由变化、并不听话的东西。

这种愤怒的情绪其实是在试图告诉你：你现在还不行，此事你终将失败，你是在强出头。但是你并不愿意承认，因为你是那么好强又充满野心，可潜意识已经承认了这显而易见的失败，你觉得受到了侮辱所以产生了敌意。你敌对的对象其实是自己的潜意识，发怒会让你觉得自己很强大，这样你就可以对潜意识说：你看，你说错了，其实我是这么厉害，这么无所畏惧。此时，你最好的办法是重新审视一下自己现有水平和要求上的差距，如果实在太勉强，退出这次竞争才是让你免受伤害的明智之举。

情感上的空白常常会带给你许多错觉，也许你这次单身的时间显得有点长了，每次被已经谈婚论嫁的姐妹们问起终身大事的时候都显得有那么点尴尬。也许在参加完一个闺密的婚礼后回家的路上，你觉得很沮丧：唉，她也结婚了，我还要回去过我的日子；你觉得很羡慕：她的新郎看起来多么体贴啊，她多么幸福，我总觉得我今天连笑都很难看；你觉得很孤单：觉得街上的每一个人都有一个归属，而只有自己像一片凋零的叶子飘来飘去；你觉得很迷茫：我这片叶子要飘到哪儿呢？进而可能产生自卑情绪：也许我真的不值得爱，在感情上我总是失败，我已经不想再尝试了；甚至绝望：真的，就这样吧，我永远都不会真正拥有被人疼爱的幸福……自动化的消极思维常常瞬间就形成了。

第五章 成长:一个人的棘手问题

但是,这些看起来"合乎常理"的想法却并不客观,它们常常只是一种主观印象。此时,学会和头脑中那些一边倒的消极思想辩论有助于保护你的自尊:谁说我笑得很怪?我来参加婚礼也是精心打扮的,我今天穿得比平时更漂亮;新郎当然看起来体贴啦,因为这是婚礼,但是在他们结婚前,她不是一直和我抱怨她对这段关系的不满和无奈吗?所以谁的关系也不是一直快乐的,我热恋的时候我也很开心,吵架和分手的时候当然就很难过,但是没人愿意被人看出自己过得不好;我没有在感情上总是失败,我有的时候成功,有的时候失败,难道评价一个女人是否成功的标准,就是比较谁结婚结得比较快吗?结婚的目的有很多,婚姻里的人未必比现在还自由的我要快乐啊!

如果你觉得这只不过是阿Q精神,那么不妨列出单身和"有主"的优缺点,请你自己去查看一下结果。我相信你会发现,幸福根本和一个人还是成双成对无关。

坏情绪的表现形式不胜枚举,但是有两点是关键的:第一,给予坏情绪充分的接受和尊重,因为这是人的本性;第二,即使真的感觉不好,也要有积极健康的活动补充进来,比如烹饪、旅游、结识新的朋友、自我激励等,因为它们可以把你带出坏情绪的循环。

在工作中我们也是如此,如果稍受批评和指责就勃然大怒,认为别人的中肯意见是对自己的有意冒犯,甚至是在公开侮辱自己,就是缺乏自知之明,没有自信的表现。

那么，我们要如何控制自己的不良情绪呢？

1.随时注意自己的言行，不要出言不逊。

俗话说：冲动是魔鬼。出言不逊从未给任何人带来过任何好处，因为那是虚弱的标志。没有人会因它而更强大、更富有、更快乐或更聪明。而且，出言不逊也会令教养良好的人感到反感和厌恶。

衡量一个人的力量，必须看他能在多大程度上克制自己的情感，而不是看他发怒时爆发出来的威力。你是否见过一个人受到凌辱时，只是脸色稍微有些苍白，就立刻平静下来？陷入极度的痛苦后，仍然像石雕一样挺立着，稳稳地控制着自己？每天忍受敌人的审讯，却始终保持沉默，没有透露一丁点情报？这才是真正的力量。

拥有强烈感情却保持节操的人、非常敏感但温柔而乐于体谅别人的人、遭到挑衅却仍然能控制自己并宽恕别人的人，才是真正的强者，精神上的英雄。

2.避免思想上的极端倾向，试着站在其他人的角度上考虑问题。

很多人可能会觉得这是老生常谈，我们都知道要"站在其他人的角度上看问题"。但是，你真的做到了吗？你真的这样做过吗？

3.选用正确的途径发泄自己的情绪。

有则寓言是这样说的：

一匹马找到一块肥美的草地，常到这里饱餐一顿。可是后来，一只鹿也发现了这个秘密，就趁马不在，也跑来吃草。马发现了这件事，觉着鹿侵占了自己的利益，想报复鹿，但自己又无能为力，于是去请人

第五章 成长：一个人的棘手问题

来帮忙。人说："我也没办法，除非你套上辔头，我骑上你，才能追上它，惩罚它。"马不得已同意了。

于是，人骑着马，惩罚了鹿。之后，便把马拴在了槽头。这时，马才省悟过来，长叹道："我真傻，为着一点小事而图报复，反而使自己沦为奴隶。"

马终于意识到：逞一时意气之快，睚眦必报本就不可取。为了打击报复又不择手段，终会让自己付出沉重代价。

其实，在我们的生活中，最应该感谢的人不是曾经帮助你、爱护你的人，而是那些曾经折磨你、看轻你的人，因为正是有他们的存在，你才变得如此强大。同样，我们也要感谢那些曾经折磨你的不良情绪，正是因为有它们的存在，你才能不断地超越自己。

在生活中，常常见到那些不能控制自己情绪的人，他们遇到一点争论或不顺心的事就马上变得极端起来，并且不可控制，总是令人感到难堪、窘迫、尴尬，甚至伤害别人的自尊心、自信心。这样一来，长期的奋斗和积累，会因性格恶劣而毁于一旦。即使你身居高位，也能在一夜间失去一切。

放弃抱怨，学会调整自己。无论是从身体上，还是从心灵上。只有卸下心中沉重的包袱，打开心中那道阀门，泄出烦恼的洪水，才能在人生的道路上走得更轻松、更长远。当然，最重要的，也会更快乐。

对待强烈负面情绪的五个最好方法

1.培养一些陶冶性情的艺术类兴趣爱好:琴棋书画、唱歌等等,都能给人发泄感情的空间。

2.参加一些身体锻炼方面的活动:健身、打球、舞蹈、瑜伽、做按摩……一边做运动一边想象着坏情绪像球一样被打出去,或者随着汗水挥洒出去,都会让你产生一种痛快的感觉。

3.身边一定要有三两个知心人,让你心情不好时能够找到他们分担自己的烦恼。

4.通过记日记来理清思绪。一个必然规律是:写在纸上的越多,积压在心里的越少。

5.给自己创造一个愉快的生活环境:音乐、熏香,还有柔和的灯光等等,或者独自一人时一杯红酒配电影,都能从生理上帮助舒缓紧张的神经。

第五章 成长:一个人的棘手问题

拖延症大爆发

明明马上就要考试了,却把复习计划一拖再拖;眼看截稿日期快到了,手里的工作却刚刚开始……这是现在很多年轻人常犯的毛病,他们把这种行为称作"拖延症"。其实,这并不是只是年轻人才会犯的错误,很多上班族都有一个坏习惯,什么事情不到最后关头决不会着手去做,还美其名曰"逼到最后才有灵感"。实际上,这只不过是给自己的懒惰找借口罢了。

可能有人会觉得这个毛病不是什么大问题,不就是偷点懒嘛,人之常情。殊不知,这就是让你整天"无事忙"的帮凶。很多职场中的人都有这样的感叹:"事情都赶在一起了,真是忙啊!"难道事情真的那么多吗?其实并不是这样,事情之所以堆在一起,是你在处理的时候不懂得时间管理,没有抓住解决的重点。

"拖延症"是什么,可能很多上了点年纪的人都是一头雾水,但

你好，我亲爱的独居时光

在年轻人的圈子里，这是传染力很大且传染性很强的一种行为状态。关于这个问题的危害，刚刚工作的彦青是这样形容自己的：每天早上起来心里都非常焦虑，可是明明知道那么多事情堆在眼前——要整理公司乱七八糟的文件，撰写各种各样的报告，甚至只是一个该打的电话，一封该发出去的邮件……可就是没有办法马上去做，只能一边安抚自己焦躁的心情，一边打开一个小游戏或者两眼放空状地安慰自己：过一会儿再做，过一会儿再做……

一天很快就这么过去了，到了晚上才想起来：公司的文件没有整理，领导让写的报告没有写，该打的电话没有打，该发的邮件没有发……所有的事情又推到了明天，于是，新的一番压力又一次接踵而来，于是心情愈加沮丧。这，就是拖延症的典型症状。

彦青就是拖延症压力的典型受害者。对于自己拖延症的形成，她是这样解释的："上大学以后，我发现自己有了拖延的毛病。每天晚上都灵感迸发，恨不得立刻起来大干一场。等到早上起来却动力奇缺，宁愿头晕脑涨地在网上浏览各色小说和帖子，也不愿碰一下书本。哪怕有很急的任务，我也只会在deadline之前的那一点点时间才会因紧迫感开始着手处理。奇怪的是，每次还都赶上了最后期限。可是因为每次都是急匆匆地交差，导致自己对自己的要求越来越放松，离自己的理想也越来越远，每天都在要上进还是要堕落的天平上摇摆不定。

其实，很多像彦青一样的人都曾经有过这样的经历，这些人明知道拖延不能消除压力，为什么还要这么做呢？现在就让我们看一下拖延

第五章　成长：一个人的棘手问题

的形成机制：

首先，我们要明白：拖延的人不是因为对自己要求过低，恰恰相反，犯拖延症的人很大程度上都有完美主义者的倾向。拖延的根源就是对自己要求很高甚至抱有不切实际的期望。举个例子来说，如果把完成任务比作一块狭长的木板，当它放在地面上时，几乎人人都可以轻松地从上面走过去。但对结果抱有极高期望，则像是将这块木板凭空架到了十层楼高的地方，于是我们会因为害怕掉下去，而不敢踏上木板一步。就像有时我们偷偷希望事情不要成功，这样我们就可以不用面对之后更烦琐的后续工作一样，是因为对结果的过高估计而产生了畏惧心理。

其次，贪图拖延暂时带来的虚假的快感。

一个人认为自己5天之内可以做完一件事情，所以在离deadline还有15天的时候一点不着急，直到最后只剩5天了才开始。虽然这种紧迫感和焦虑往往激发人的斗志，会让自己觉得，只有在重压之下才能进入做事情的状态。如果长期受这种心理暗示的影响，会让拖延的人开始享受那种deadline后突然放松的感觉，就像你不敢贸然登上高架的木板，突然背后着起了火，逼迫你快速通过木板一样。虽然暂时可能达到了目标，但起到了强化拖延的效果。要知道，我们不能永远靠外界放火来逼自己走过木板，否则，迟早会有烧到自己的那一天。

如果你发觉自己经常为做事延误而找借口，那么，你应该主动铲除身上的这种坏毛病，好好检讨一下自己，别再拿那些借口为自己开脱，在没找到其他办法之前，最好的办法就是立即行动起来，赶紧做你该做的事情。

时间是水,你就是水上的船,你怎样对待时间,时间就怎样沉浮你。将今天该做的事拖延到明天,即使到了明天也无法做好。做任何事情,应该当天的事情当日做完,如果不养成这种工作态度,你就与成功无缘。所以,正确的做事心态应该是:把握今天,展望明天,从我做起,从现在做起。谁也没有拯救你的义务,不要将命运交托在其他人的手中。

一个勤奋的艺术家为了不让自己的每一个想法溜掉,当脑海中灵光乍现时,他会立即把灵感记下来——哪怕是半夜三更,也会从床上一骨碌爬起来,在自己的笔记本上把灵感给予他的启示记下来。优秀的艺术家老早就形成了这个习惯,他们知道灵感来之不易、稍纵即逝,如果任其白白溜走,也许会遗憾终生。从我做起,从现在做起,就是叫你立即行动起来,不再延误,这是任何一个成功者的必备法宝。

也许你每天有很多期望,想做这件事,又想做那件事,比如你想和家人共度一个周末,又想构思下个季度的工作计划。或者你想好好地放松一下,自己好好地独处,又想参加朋友的聚会,沟通人际关系。结果,因为选择困难,什么也没有去做。

每一件事你只是在想,没有用自己的行动去落实,结果,一拖再拖,所有想做的事情都延误了。为什么会这样?因为你没有养成从现在做起的习惯,你是一位伟大的空想家,不是行动家。真正做事的人就像比尔·盖茨说的那样:"想做的事情,立刻去做!当'立刻去做'从潜

第五章 成长：一个人的棘手问题

意识中浮现时，立即付诸行动。"

就像你给朋友回信，如果某封信需要回复，在你看完信之后应该马上动手写回信。如果延误，过了几天，可能需要回的信件不止一封，而且，当你决定回信时，你得一封一封重读一遍，然后再写回信。你看这样多费心，浪费多少时间，如果你当时读完立即回信，就省了好多事，这就是立即行动与延误的最大差别。

所以，用拖延战胜压力的做法无异于饮鸩止渴，你可以用下面几种方法改善自己的拖延症状：

1.放弃完美，将高架的木板放低。

不要对自己的目标结果一开始就有太高的要求，要求太高反而会使你不敢着手，或者因为无法达到自己的要求而过早放弃。有句话说：当你开始做的时候，其实你已经做完了一大半，就是这个道理。万事开头难，人不可能达到绝对的完美，做到尽心尽力就是最好的结果。

2.应对拖延，对症下药。

拖延的原因和方法因人而异，必须要具体问题具体分析。如果是因为任务太难导致的拖延，可以试试分解任务，由易到难，一点点接近目标；如果是因为希望做到更好、追求完美而造成的拖延，可以边做边思考，边做边改进，不要强求自己一步到位；如果是因为遭到批评、自信心受挫所造成的拖延，则最好告诉自己，偶尔犯点错误是正常的，被批评也没什么大不了的，只要努力过了，自己就问心无愧。不管怎样，绝大多数情况下，尽力的结果都会比我们不去努力要来得好得多，不是吗？

总而言之，拖延绝对是压力的闺中密友，总是相伴出现。而一件事情拖到最后的结果，会带来巨大的时间压力。在这种压力下做事，将会消耗很多额外的心理能量，并且内心充满忧虑、焦灼和内疚感。即使完成任务，也很容易感到筋疲力尽。所以，不要再拖延了，如果你不做，事情永远不会自己解决。现在，就去做吧！

六种方法克服拖延症：

1.建立一张日程安排表，可以帮助你有效地规划每一天的生活。计划表可以让你对自己的行为负责，不会迷失目标方向。看看一整天的计划表，可以让你立即行动完成任务，拒绝拖延。

2.把大的任务分解。比如你有一个车库要清理，里面堆满了纸盒和箱子。你可以每天从里面拿走一两个，一周过后，看似很巨大的工作就被分解做完了。

3.建立奖励机制。每当你完成一个小任务，就奖赏自己一些时间休息放松。但不要休息太长时间，否则会背道而驰。

4.马上着手去做，别给自己思考的时间。时刻谨记"立即行

第五章 成长:一个人的棘手问题

动"的要旨。否则,千里之堤毁于蚁穴,小事情堆积起来会给你造成更大的压力。

5.给自己规定一个最终期限,并且严格地遵守。

6.寻找外界的帮助。一个人面临问题会觉得孤独无助,当你有一个很特殊的要完成的任务时,找个人来监督你。这也是个克服拖延的好方法。

一个人过节

很多时候，一个人生活是件很酷的事情，除了节日。从有些角度来说，节日这个词就与一个人的生活"犯冲"，因为节日代表的是团圆、欢乐、爱情、礼物……唯独没有孤独。

每当过节的时候，一个人走在空荡荡的街道上，立马生出一种"世人皆狂欢而我独凄凉"的孤寂感：孤单——寂寞——胡思乱想——继续寂寞——无聊发呆——孤单，在脑海中无限循环。

眼看朋友们都有了自己的安排，而一个人的自己只能默默地跑回家，然后，一个人对着一个碗、一双筷子、一个水杯、一盏灯，默默地对自己说：节日快乐。然后，落寞地洗碗、洗澡、上网、看书、上床睡觉，却久久不能睡着……

一个人过节也可以很开心，一群人过节也可以很闹心。

假如你有机会一个人过节的话，通常会被证明是一次不错的体

第五章 成长：一个人的棘手问题

验。虽然很多人对它的反应都是"必然是一种凄凉的体验"，可是只有真正经历过的人才有发言权。

大年初二，置身于北京的地铁站中，不见了平时熙熙攘攘的人群，顿时感觉地铁站变得好空旷好安静。玥眉心中涌起了一股新奇和轻松的感觉，她禁不住"呜"地喊出声，登时听到了从四面八方传来的回音。

在这个春节，玥眉至少有一周的时间来享受一个人的放纵狂欢的party。为了让自己过得舒服一些，她早就网购了一大堆平时最爱的食物和饮料，打开电视播到最热闹的节目，把房间里的灯全都打开。除夕晚上看着外面的烟火，就是最high的时候了。其实要说过节时的心情，还是要看你最近的处境，假如最近景况很好，即使一个人过节，也还是会玩得很开心；如果今年过得很衰，则会备感凄凉。其实在很衰的时候，即使和家人团聚，也还是难以驱散心头的愁云。

很高兴的话，随便怎么过也是高兴的。如果在过去的一年流年不利，又必须一个人过节的话，建议还是走出去。其实在春节的时候还是会有很多同城活动在举行，你可以在网上的相关论坛查一查，有很多独自过年的人会举办聚会。大家都是来自五湖四海的陌生人，借这个机会可以走到一起。玥眉曾经在大年初四的时候去参加一个沙龙的聚餐活动，都是独身一人前来的朋友，大家吃吃喝喝聊了很久，虽然都是陌生人，却可以交浅言深，几个聊得不错的朋友第二天还约一起去逛了庙会，于是这个年过得一点也不孤单了。

当然，对于孤身一人在外的单身女孩来说，安全因素永远都是第一位的。各种燃气、阀门、电源的开关等等，都要比平时更加用心地检查好，出门的时候钥匙也要带好，防盗意识都要比平时加倍地强，因为逢年过节在家的人很少，小偷作案的概率也大大增加，万一出现什么紧急情况的话，附近可能一时半会儿喊不来人帮助你。还有，虽然强烈建议你去参加些同城聚会，但还是避免去酒吧、夜店那些灯光较暗的场所，这也是出于安全方面的考虑，去一些小组、沙龙都是不错的选择。

一个人如何精彩地过节

1.宅在家：如果过节的时候没有集体活动。可以在家里看看电视、上上网、打扫打扫卫生、做做饭，轻松惬意的时间总是过得很快。

2.找朋友一起happy：找三五个好友，吃吃喝喝，唱K，逛街，可以缓解一个人的节日焦虑。

3.工作：如果不想一个人在家黯然神伤，可以用工作转移注意力，过节时上班还有加班工资哦。

4.给自己礼物：一个人去逛街，买奢侈品送给自己，以一种特别的方式宠爱自己。

第五章　成长：一个人的棘手问题

快 递 二 三 事

　　一个人住的时候，特别容易养成爱网购的生活习惯，尤其现在的网购平台，各种促销活动、广告搞得铺天盖地，于是网购的范围也越来越大，以前只是买买衣服、鞋子，后来发展到大米、饮料都要网购然后等着送货上门了。

　　可是，网购的东西多了，却衍生出一个问题：如何收快递？平常上班家里没人，小区没有专门的收发室，总发到单位吧，又怕大家围观，给领导留下不专心工作的不好印象；等晚上回家接收吧，又怕自己单身一个人被哪个贼心的快递员盯上。有没有什么两全其美的好方法呢？

　　慧敏是一个超级网购爱好者，套用一句流行语就是：她不是在收包裹，就是在等待收包裹的路上。虽然收到的包裹都是自己买回来的，但收到的时候还是会有一种收到礼物的惊喜。那个时候，她还没有跳槽，与她合租的朋友也还在，是和快递关系最和谐的一年。

你好，我亲爱的独居时光

好景不长，合租的朋友结婚去了，跳槽的新公司待遇比以前好，但管理也更加严格了，还特别声明：除公事以外的快递绝对不许跨进公司一步！彻底断了慧敏的后路。

这天，慧敏正在和同事一起吃午饭，又接到了快递员的电话，说她有一个包裹，询问是否在家。她赶紧跟快递员解释："晚上7点以后再送吧……对对，没有别人帮我接收……不好意思啊……噢，上次接收的是我朋友，已经搬走了……好，谢谢。"结果刚一挂断电话，就被同事们犀利的眼光盯上了，"一个人住要小心坏人啊，怎么能把朋友搬走的消息随便就说给一个陌生人呢？""你没看最近的新闻啊，女白领被快递员入室杀死了！""我有一个朋友，就是因为收快递的时候被搭讪，还动手动脚，差点报警哦！"大家你一言我一语，把慧敏吓得一愣一愣的。

她吃完午饭上网一查，大家还真不是危言耸听，有很多入室抢劫、盗窃的案子，被害者都是爱网购的单身女性。由于收件人的电话、姓名、住址都是在包裹上的，快递员如果想要报复，想跑都跑不掉，还有的人冒充快递员骗你开门。看了这些，慧敏大感后怕。

晚上回到家，慧敏还是一个劲儿地后怕：一会儿快递员来了，我是开门还是不开门呢？结果，说曹操曹操就到，门铃"丁零"一声响，慧敏吓得差点跳起来。她没有吭声，蹑手蹑脚地走到猫眼前面往外一看，果然是快递员来了，虽然这个快递员个子不高，但如果他开门后硬闯的话，娇小的自己还真不是他的对手。眼看快递敲了几下门见没人应门，准备打电话的时候，慧敏赶紧回到里屋接听电话，谎称自己还没有

第五章 成长:一个人的棘手问题

回家,请他将包裹放在邻居家的门垫下面,等她回去再取。等到快递员走了好一会儿,她才出门将自己的包裹取回了家。

由于女性天生的体能劣势,她们很容易成为犯罪分子下手的对象,独居的女孩更是如此,可是只要网购不停止,快递问题就会永远存在。应该如何防范接收快递时遇到的风险,方便又安全地接收快递呢?

1.多走两步更安全。与其让快递员把货物送到家门口,不如自己与快递员约定取件地点,如小区门口等人多的地方,再亲自下楼签收,避免在开门后有被强行闯入的危险。

2.能不把东西寄到家里,就尽量不要填写自己的真实地址。可以寄到公司,或者请门卫、值班室物业或者楼下便利店帮忙签收。

3.用过了的网购包裹袋、快递签收单,一定要把上面的个人信息处理干净再扔,否则你的个人信息就被无形中撒播出去了。可以将塑料袋上的快递单撕掉,或用笔将上面的个人信息涂抹掉。

另外,还有一个快速去除快递单上字迹的小妙招。就是取一张卫生纸或纸巾,将其折叠后浸成七八成湿,然后用其快速涂抹快递单上的字迹,只需花费20余秒,快递单上的信息就能全部擦抹干净,而且不会有任何遗留的信息。

4.网购物品多,不要一敲就开门。有不法分子可能会假借快递员之名骗你打开房门,因此不要快递员一敲门,就马上去开门。首先要确定快递员身份,问清楚快递公司名称、快递员所送物品以及寄件人情况等信息，再开门签收，即使是很熟的快递员也不能轻易相信。

有句老话说得好："小心驶得万年船。"尤其是那些自诩网购经验丰富的女性，更不能掉以轻心，觉得自己买了好几年了，"应该不会出事吧"，就轻易放松警戒心理，给犯罪分子留下可乘之机。

防范快递风险的五大方法

1.物品托运前，要看清承运单上的相关契约条款，觉得合理再签字。贵重物品一定要选择保价托运，不可心存侥幸或心疼保价费。

2.索取并保管好相关票据，以便维权时有据可依。

3.填写承运单时，可详细填写货品名称、型号、重量和收件人等信息。必要时，还可就违约条款、赔偿方式和诉讼管辖地等细节与快递公司另行约定，并立下书面合同。

4.快递公司的业务员流动性较强，客户不要直接与业务员联系，而应通过公司派工，这样较有保障。

5.签收物品时当场开封查验物品，若发现丢失、损坏等情况，及时收集证据证明物品开启前就已丢失或损坏，方便日后索赔。

第六章

充实：一个人的独立

两个人时悦他,一个人时悦己。一个人的独立是最重要的,不仅是在经济上,也适用于心理上。

为快乐而工作

人们常说:"你永远不能休息,否则,你就永远休息。"房奴、车奴们在每月还贷的重压下苟延残喘;深夜写字楼里依然灯火明亮,加班的人熬红双眼还要盯着桌上厚厚的文件;上下班时间,公路上车满为患,地铁里人满为患,挤得水泄不通。

这个世界上,每个人都不快乐。整座城市就犹如一部高速运转的机器,运转频率越来越快的都市节奏,已经让跟随它的都市人多少显得有些紧张和疲惫。各种压力和烦恼如潮水一般不断向我们涌来,这样的生活来势汹汹,看不到尽头。于是,人们开始抱怨,抱怨时间太少,抱怨自己能力不强,抱怨父母不给自己聪明的头脑,抱怨没有生在大富大贵的家庭中……此时,所有的人都在叹着气说:"郁闷啊!不高兴啊!"可是,到底是谁造成了我们的郁闷呢?

现实生活中,很多人从早忙到晚,总感觉自己一直是被工作追着跑,进而感觉到身心十分疲惫。实际上,这些疲惫感并不是因为工作太

第六章　充实：一个人的独立

多太忙，而是因为很多人对工作不感兴趣，没有找到工作中的乐趣。因此才会让工作变得越来越复杂，身体越来越疲惫。其实工作不仅仅是谋生的手段，更是一个人的必修课。如果你不能开心地工作，不单纯是工作的负担和收入不理想，更多的是来自内心的惰性和空虚，这会使自己的生活充满悲观与失望。如果你每天像苦行僧一样生活，那么也就失去了生命的目的。

身在职场，来自工作、生活等各方面的压力或多或少会让人郁闷。国内知名网络招聘企业中华英才网曾公布过一项"职场郁闷调查"，结果显示，只有5%的人能够做到每天开心地工作。而面对常有的郁闷心情，七成的职场人士则表示，尽管烦恼时而有之，但很快就会烟消云散。这表明，现在的职场人士越来越善于调整心态，正视工作中的烦恼。

为了在工作中能够享受快乐，最重要的是要发挥自己所有的潜力，追逐最感兴趣和最有激情的事情。当你对某个领域感兴趣时，你会在走路、上课或洗澡时都对它念念不忘，你在该领域内就更容易取得成功。更进一步，如果你对该领域有激情，你就可能为它废寝忘食，甚至连睡觉时想起一个好点子，都会立刻跳起来。这时候，你已经不是为了成功而工作，而是为了"享受"而工作了。

相对来说，做自己没有兴趣的事情只会事倍功半，甚至有可能一事无成。即便你靠着资质或才华可以把它做好，你也绝对没有释放出所有的潜力。因此，我们不赞同每个学生都追逐最热门的专业，其实，每个人都应该了解自己的兴趣、激情和能力，并在自己热爱的领域里充分发挥自己的潜力。

比尔·盖茨曾说："每天清晨当你醒来的时候，都会为技术进步给人类生活带来的发展和改进而激动不已。"1977年，因为对软件的热爱，比尔·盖茨放弃了数学专业。如果他留在哈佛继续读数学，并成为数学教授，你能想象他的潜力将被压抑到什么程度吗？2002年，比尔·盖茨在领导微软25年后，毅然把首席执行官的工作交给了鲍尔默，因为只有这样他才能投身于他最喜爱的工作——担任首席软件架构师。虽然比尔·盖茨曾是一个出色的首席执行官，但当他改任首席软件架构师后，他对公司的技术方向做出了重大贡献。更重要的是，他更有激情、更快乐了，这也鼓舞了所有员工的士气。

那么，工作中我们如何寻找兴趣和激情呢？首先，你要把兴趣和才华分开。做自己有才华的事容易出成果，但不要因为自己做得好就认为那是你的兴趣所在。为了找到真正的兴趣与激情所在，你可以问自己：对于某件事，你是否十分渴望重复它，是否能愉快地、成功地完成它？你过去是不是一直向往它？是否总能很快地学习它？它是否总能让你满足？

美国著名的成功学家奥格·曼狄诺认为，每一件事，每一个人，从某种意义上说都是珍奇独特的，只要愿意，这一切都是无穷无尽的快乐源泉。因此，我们必须学会享受工作的成就感以及乐趣。如果你想要在事业上成功，就一定要喜欢工作。凡是对工作缺乏兴致的人，终究不会有成就。当然，没有成就带给人的往往是空虚、失望、彷徨和挫败感，从而使人更不喜欢工作。因此，要培养工作的兴趣，让自己享受工

第六章 充实：一个人的独立

作中的快乐。

下面，我们介绍几种从工作中获得乐趣的方法，这些方法可以帮你找到工作中的乐趣与意义。

1.把工作看成是创造力的表现。

其实，每一项工作都可以成为一种具有高度创造性的活动。一个运动员完美无缺的动作，从创造的角度来看，可以与十四行诗那样的作品相媲美，并且可以令欣赏的人获得同样的精神享受；一位教师上一节好课，不逊色于编排一出精彩的戏剧。

2.把工作看成是自我满足。

心理学家发现，人们为了自我满足而从事一项活动是一种乐趣，如果是强制性地从事一项活动，就未必是愉快的。你可以因为自己刚刚成功地拜访了一位新客户，或者出色地完成了一个难度较大的项目而高兴，满足于自己目前的工作成就，会成为你开展下一轮工作的热情的源泉与动力，同时你的工作也会因此而充满了乐趣。

3.把工作看成是艺术创作。

马丁·路德·金曾说过，如果你是一名清洁工，也要以像米开朗琪罗绘画、贝多芬谱曲、莎士比亚写诗那样的心情对待自己的工作，这样，你就会从中发现无与伦比的乐趣。现实中，假如每个人都把自己的工作当成艺术创作，把自己单调、枯燥的打字看成是在钢琴前创作新的圆舞曲，那么他们的工作必将成为艺术杰作。

4.把你的工作变为娱乐活动。

你好，我亲爱的独居时光

把工作看作娱乐，就能以工作为消遣。在实际生活中，很多人正是把工作当成是娱乐消遣活动，因此，每天都能从工作中寻找快乐。请记住中 劳动与娱乐的不同就在于思想准备不同。娱乐是乐趣，而劳动则是"必做"的。假如你是职业足球员，如果把注意力放在娱乐上，你就可以像业余足球员一样地投入比赛。这里不是说比赛本身不重要，而是说不要把全部精力集中到比赛这个"赌注"上，这样获胜的机会更大。

不管现在从事什么职业，都应该抱着一种积极乐观的态度对待自己的工作，其实只要愿意去寻找，总会找到工作中的乐趣。学会带着兴趣去工作，能够体会工作的乐趣，才会越做越有趣，越做越有劲，最后获得意想不到的收获。

总之，视工作为乐趣的办法，不仅能够改变我们对于工作的态度，更能激发我们对生命的热忱；不但会使人们对自己的工作产生不同的看法，最重要的是，你会发现，工作也可以是帮助我们生命成长的动力……

如何让你越工作越快乐？

1.每一天做一点你喜欢的事。

不管你是否喜欢现在的工作，你都可以从看似"无味"的工作中发现一些你喜欢做的事情。从现在起，好好审视你的技能、你的兴趣，尝试从每天的工作中寻找乐趣，那么你就不会觉得目前的工作那么糟糕了。

第六章 充实:一个人的独立

2.结交高标准的朋友。

一个好工作除了薪资高、福利好之外,还有一个重要的标准,就是看他们是否能在工作中寻找到快乐。你不妨问问自己,你在工作中有最要好的朋友吗?你喜欢你的同事并且能和他们相处融洽吗?有时候,花点时间和他们打成一片,同事之间互相扶持,分享资源,彼此关心,互相关怀,这样的工作氛围将为你的工作增添不少乐趣。

3.不要过度承诺。

生活中,导致一个人工作压力大和不快乐的一个很重要的因素,就是因没有实现承诺而产生的压力。所以,如果你没有多余的时间,千万不要夸下海口。别让自己掉进过度承诺的沼泽中。

4.避免消极情绪。

要想快乐地工作,就要尽可能地避免:负面情绪的谈话、流言蜚语、悲观消极的同事,这些情况会潜移默化地影响你。

你好,我亲爱的独居时光

看一次海

很久以前,看过一部电影叫《夏日嬷嬷茶》,从此就有一个浪漫的梦想,就是要和深爱的人一起在黄昏去看海,倾听海鸥与海浪的声音,感受大海的波涛一涌一涌地冲到小腿之上,还能在海风吹来的时候,轻轻靠在他身上。

不知是不是这个梦想太过虚幻,故事的最后,两个人还未能成行,便已分道扬镳。但看海的意愿还是没有消散,那咸咸的海味、凉凉的海水、淡淡的海风和被阳光照射的温暖沙地,都让人心生向往。既然如此,就一个人启程吧,一个人看海其实并不像想象中那般寂寞。

在自己的微博上,佳茜给自己取名为"孤独的精卫鸟",因为这个名字就是她自己的写照,既孤独,又执着,即使遭受了生活的不公,也奋不顾身地为自己的理想而努力。曾经,这种虚假的自我让她热血沸腾,如今,她却开始怀疑生活的意义。

第六章 充实：一个人的独立

几天前，佳茜在朋友圈中偶然看到了前男友即将结婚的消息，本以为早已波澜不惊的内心重新掀起了波涛。她想起了一句非常矫情的话："你永远不知道自己有多爱一个人，直到你看到他和别人在一起。"

三年前，年轻气盛的自己为了所谓的理想，独自来到了大洋彼岸。时间和空间的转换，也让她和男友的轨迹渐行渐远，都没正式地说再见，就这样慢慢地淡出了彼此的生活。她也在夜深人静的晚上一次次地安慰自己说，自己的选择是对的，但心里却有着隐隐的不安。就在她一切走上正轨，希望找机会挽回少年时的爱情时，却又被生活给嘲弄了。

人生如戏，戏如人生，漫漫人生路，百转而又千回。生活就像一场棋盘上的对弈，落子无悔，你所走的每一步，都直接决定着最后的结果如何。

在漫漫的回忆中，佳茜想起了两个人以前的约定，要一起去看海。当时，她只想证明自己的价值，执拗地说："不，我要自己去看海！"他一点儿也不生气，笑嘻嘻地把她搂在怀里说："不行！一个人掉进海里没人救呀！"……

虽然在这个城市的不远处，就是一片大海，但她从来没有去过。在她心里，始终还是想和他一起去的，她任性地觉得：即使自己离开，他也一定会在原地等她的，就像他无数次包容她的任性一样。如今，她终于意识到：这样一个温柔的人，再也不属于她了。

"精卫鸟"取自《山海经》里精卫填海的故事:

"又北二百里,曰发鸠之山,其上多柘木,有鸟焉,其状如乌,文首,白喙,赤足,名曰:'精卫',其鸣自詨。是炎帝之少女,名曰女娃。女娃游于东海,溺而不返,故为精卫,常衔西山之木石,以堙于东海。漳水出焉,东流注于河。"

佳茜喜欢大海,她时常觉得自己就像一只孤独的精卫鸟,往返于生活的大海之上,却始终抵达不了自己想要抵达的彼岸。大海有时风平浪静,有时波涛汹涌,就像人生的起起伏伏,从不随人的意念而转移。她终于决定,自己一个人去看海。

还没走到海边,佳茜就闻到了空气中弥漫的海水的味道,再往前走,潮水的声音由远及近,像呼吸一般。虽然她脑海中想象了很多次水天相接的画面,却还是被眼前大海的辽阔深深震撼。眼泪不自觉地流下,仿佛重回了母亲的怀抱。即使自己什么也没说,大海也什么都知道,它可以包容一切。

回溯过往的失与得,佳茜既欣喜又遗憾。喜的是,由于当年自己那颗执着追梦的心,现如今得以享受梦想中的生活,繁花似锦,前程锦绣;遗憾的是,如果当初选择了另一条路,现在的自己拥有的会不会比这更好呢?

生活很多时候就是这样,当你拥有一样东西的时候,就会失去另一样。哪一个对你来说更为重要,或者说对你的将来更为重要,总是很

第六章 充实：一个人的独立

难分清楚。所以我们就会不约而同地在未来的某一个日子里悔恨：如果当初我换了一种选择，现在是不是会过得更好？

得不到的东西会让人产生无限遐想，那样的事物在人们看来往往是完美的。拿捏在手里的东西，反复地掂量，也就不过如此，甚至还有当初未想到的种种弊端。佛曰："过去心不可得，未来心不可得，唯有活在当下。"过去的已经成为过去，无论好坏，谁都不能再重新回到从前。过度沉湎于往昔，执着于没有意义的假设，只能给人们增添无谓的烦恼和痛苦。

生活就像一本你永远都读不懂的书，你永远不知道曲折离奇的故事中，书的下一页写着什么，即使有一天你读懂了，可能也来不及叙述什么了。我们渴望已久的东西在某个不经意间已经被我们置于手中，而那些我们认为永远不能消失的东西，也就那么悄然地离我们远去。

佳茜抓起一把沙，想起曾经喜欢的一首歌的歌词："一个人也可以去看海/两人的画面经典的对白/还有忽隐忽现的誓言/想象你曾给我描绘的未来/一个人也可以去看海/海边的沙滩/天边的无奈/还有潮起潮落的思念/想象你许给我的春暖花开……"

一念成佛，一念成魔。是快乐还是痛苦，全在你的一念间。

即使时间重来，自己依然会做出和现在一样的选择，那还有什么后悔可言呢？她扬起手中的沙，似乎听见了大海给予自己的答案。

或许此时正在看书的你，正在烦恼自己的无力，或许正苦闷于身边的各种烦琐，或许你也极力想找到一个可以发泄的出口。这个时候，不妨去看看海吧，它会像一个完美的情人一样，用那广阔的胸怀将你所有的压力与苦闷全部包容进去。纵然你受过伤，流过泪，但只要看见这广阔无边的大海，你就会忘记一切悲伤和惆怅，失望便无法占据你的心灵。

这也是大部分人都喜欢大海的原因。一个人只有在海边，才能感觉到大海的博大胸怀与浩瀚汪洋的境界。一个人也只有在海边，才能感受和体会出爱人的温柔、母亲的关怀、家的温暖、亲人的深情。也许正因为如此，你才期待来到海边。

忧伤的时候，去海边。快乐的时候，去海边；忙碌的间隙，去海边；放假了，去海边，选个阳光明媚的周末，穿上自己最喜爱的泳衣，支一把漂亮的阳伞，将自己的身体藏在沙土之中。海的广阔与伟大总是可以让一切变得渺小，包括自己，包括痛苦。

人生会经历很多风雨坎坷，向不理解自己的人倾诉烦恼，反而会给自己造成不必要的麻烦。而大海永远不会出卖我们，好似我们知心的朋友、善良的母亲，又似我们心灵的家园。在这里，你就当自己是一条美人鱼，在她的怀抱里尽情地倾诉，放肆地高歌，自由地翱翔，让海风轻吻你的秀发，让海水轻柔地抚慰你的心灵，让浪花击打出你的痛苦。你可以自由自在、快乐地徜徉在这与世隔绝的宁静里，享受着大海赐予你独有的快乐，让她带走你所有的忧愁，还你一个快乐、丰盈的心灵。

第六章 充实：一个人的独立

结交新朋友

有首歌是这样唱的：快乐与人分享，快乐就多了一半，痛苦与人分享，痛苦就少了一半。不管一个人的内心有多么强大，都会需要朋友。这段话的意思我们每个人都知道，但并不是每个人都会交朋友。不是说你身边总是前呼后拥、热热闹闹的就是好的，认识的人多了，误交损友的可能性也会相应增大的。

尤其是很容易受别人心理暗示的人，就更要注意选择自己身边的朋友。否则非但起不到好的效果，反而会带来很多负面的作用。老舍先生说："幽默者的心是热的，他必须和颜悦色、心宽气朗地去揭示事物的可笑之处，宗旨在于善意地规劝或纠正；幽默可以讽刺，也可以不讽刺，它比讽刺的外延更广。"所以，多结交一些乐观向上的朋友绝对是缓解压力的重要助力。

这个周末的上午，挂在墙上的钟表已经显示十点了，躺在床上的

9

依依还在睁着空洞的大眼睛发呆。她感觉自己要发霉了。生活对她来说，是那么没滋没味儿的一件事情。

家里的人都在各自的生活中忙碌着，都没有人可以跟她说说话。上班的时候，至少还有工作陪伴着她，还有单位的李老师可以跟她说说话，让她感觉到自己还活着。现在，她突然感觉自己在这个世界上成了个多余的人，每个周末的来临对于她来说都是很可怕的事情。

她工作的地方是个实验室，唯一的同事便是年近五十的李老师。依依在生活中，本就是个性格比较内向的女孩，不善于主动与别人交流。再加上长期待在这样的工作环境中，身边就更难得有朋友了。

总是一个人独来独往，脸上永远是一副近乎木讷的表情。她觉得自己还不如一粒沙尘，在有风的日子里还能随风四处游走。不至于像她这样只能在家和单位之间两点一线的距离中活动，过着一成不变的枯燥无味的生活。

已经快到中午了，她的肚子强烈地抗议起来，早餐都没吃当然会饿了。她爬起来去厨房蒸上饺子，那是妈妈出发前为她包好放在冰箱里的。抱着笔记本来到餐厅，静静等待饺子蒸熟。刚登录上自己的QQ，就看见有个群的头像在晃动。她好奇地打开，点进去瞧瞧。原来是这个群的管理员正在组织群里的成员去附近的山里摘樱桃吃。依依知道那座山，就在她住的小区东边，开车去的话也就是二十多分钟的路程。

依依平时很少上网，偶尔上几回也是查点儿资料什么的。今天遇上这个群有这样的活动，对于百般无聊的她来说还真有诱惑力，她没有多想就报名了。跟管理员互留了手机号，定好了集体出发的时间和地

第六章 充实：一个人的独立

点，她的饺子也蒸好了。

依依在定好的时间段里来到了管理员说的那个地方，已经有五个人等在那里了。第一次参加这样的活动，她的心里不免有些紧张，还伴有些许兴奋的感觉。一个跟她年龄差不多的女孩子笑盈盈地朝她走过来，自我介绍说，她就是这个群的管理员小孙。然后询问了依依的网名，又为她介绍了群里的其他成员。大家都微笑着向她打招呼，他们那热情的态度让依依都有些感动。

这个周末依依过得特别开心。她庆幸自己参加了这个活动，不仅丰富了自己的生活，而且还认识了这么多朋友。好像重新活过来似的，她感觉自己的世界突然变得多姿多彩了，美好的生活在向她招手，她的脸上每天都挂着灿烂的笑容。

现代社会中，像依依这样封闭自己的年轻女孩不在少数。她们倒不是闲得发慌，而是把自己封闭在工作的笼子里不能自拔。除了吃饭、睡觉以外，其余的时间全部耗在工作里。有时候连吃饭都从三顿减到两顿，睡觉的时间也要克扣。好像一部机器似的，疲惫又单调地运转着。把自己的活动禁锢在那个小圈子里面，没有丁点儿的快乐可言。

人不能像机器那样枯燥地运转。如果一年到头吃同样的饭菜，做着同样的事情，谁都会感到腻烦。生活不能只局限在工作和家庭里，走出去吧！外面的世界很精彩。不要等到老了的时候，再感叹没有好好去体会生活的乐趣。

很多年轻女孩的生活圈子都太小了，平时每天只重复地在家和公司两点之间奔忙，无视周围的一切。生活过得枯燥无味不说，长期的压力囤积还会使自己的心很累。想要五彩斑斓的生活，让自己充实起来，就必须扩大你的生活范围。那么，如何才能结交到乐观向上的朋友呢？

首先，要想产生量变引起质变的效果，最关键的就是要扩大你的交友圈。

交往越广泛，遇到机遇的概率就越高。有许多机遇就是在与朋友的交往中出现的，有时甚至是在漫不经心的时候，朋友的一句话、朋友的帮助、朋友的关心等等都可能化作难得的机遇。在很多情况下，就是靠朋友的推荐、朋友提供的信息和其他方面的帮助，人们才获得了难得的机遇。

聪明人不应当过于急功近利，有许多机遇是在交往中实现的，而在初步交往中，人们很可能没有看到这种机遇，在这个时候，不要因为没有看到交往的价值，就冷漠看待这种交往。

朋友网既然称作"网"，就应当具有网的特点。也就是说，在这张网上，朋友的构成有点有面，分布均匀。不懂交际之道的人交友却不是这样，他们结交的范围十分狭窄，分布十分不均。只在自己熟悉的范围内认识一些人，而这些人的行业和特长比较单一。这样就无法构成一张标准的关系网了。

交朋友的方法很多，但更多的情况是，朋友向他的朋友介绍自己另外的朋友，使他们也成为朋友。一些彼此天南海北的人在初次交往后会发出这样的惊叹："嗨！这世界简直太小了，绕了几个弯子，大家都成熟人了。"其中的奥妙就在于此。

第六章 充实：一个人的独立

一个人的花花草草

每天早上一睁眼，最怕看见外边雾霾霾的天，灰蒙蒙的，看上去就觉得不会有好事发生。坐到办公室里，整天面对着电脑，忍受着辐射的侵袭，心情更是跌落到谷底。每天看着太阳东升西落，过着千篇一律的生活，人也变得越来越没有盼头。

自己过的日子太孤单。回到家后，除了自己看不见其他生物，想养个宠物又没有那么多时间。这个时候，一盆鲜嫩欲滴的绿植就是最好的"伴侣"选择了。不论是坚强好养的仙人掌，娇小可爱的多肉植物，还是素雅怡人的菊花，每天看着它们一点点发芽、长高、抽条、开花，就仿佛自己的生活也同它们一样，充满了希望……

千羽以前在家住的时候，经常嘲笑妈妈是"植物杀手"，因为所有的植物到了家里，不管之前是什么形态，都是只长叶儿不开花。妈妈每次都自嘲地说，可能自己是"火"命，和植物相克。后来，千羽因为工作原因自己搬到了另一个城市居住，也开始了自己的"杀手"生涯，而且比妈妈更技高一筹，连仙人掌都被自己养黄了。久而久之，阳台上只剩下空花盆，植物是再也不敢养了。

后来，一位来家里做客的朋友看见她阳台上的空花盆，十分不解。问清原委之后，便送了她一盆多肉植物，说现在年轻人都流行养这种植物，优点是：好养活，适合室内种植，还能释放负离子，净化空气。除此之外，多肉植物的外形也非常可爱——小小的、肉肉的，把它养在一个精致小巧的花盆里，别提多美了。当时，她就喜欢上了这种可爱的小萌物。

为了将这个植物养好，千羽也在网上找了不少资料。据百科资料上说，这种多肉植物亦称"多浆植物""肉质植物"，指的是植物营养器官的某一部分，如茎或叶或根具有发达的薄壁组织用以贮藏水分，在外形上显得肥厚多汁的一类植物，像家庭常养的仙人掌、宝石花、芦荟就属于多肉植物，由于其干净、好养、外形憨憨的，所以深受植物爱好者喜爱。

千羽的"小肉肉"也不负众望，虽然没受到什么特别的照顾，却也长得生机勃勃，煞是可爱。千羽养多肉植物的热情自此一发不可收，除了本来朋友送的那一盆外，还另外从网上订购了十几个新鲜的种类。

直到现在，她才知道，原来这种多肉植物还有很多非常华丽的名

第六章 充实：一个人的独立

字：例如"清丽派"的名字有雨月、青露、冉空、紫晃星、香宝绿、日轮玉；"妩媚派"的有星美人、白雪姬、断崖女王、西巴女王之玉栉、香叶洋紫苏、照姬、青瞳；"豪华派"的有月之宴、翡翠殿、不夜城锦、玛瑙殿；"卖萌派"的有稚儿姿、熊童子、吉娃娃、玫叶兔儿、狗奴子麒麟等，级数越高的就越不好养。

久而久之，千羽也从这些多肉植物身上发现了一些生活的小乐趣。每次买回新的多肉植物后，她都会把它们移植到特殊的容器中，例如自己不用了的奶杯、水壶、从旧货市场淘来的瓶瓶罐罐等，再加上几颗石头、木头等原生态饰品，全都在多肉植物的衬托下焕发了新的生机。

把植物移植到"新家"之后，千羽还会耐心地给它们培土，浇水，再用细软的小毛刷轻轻刷去植物上面的灰尘。最后将所有的多肉植物排成一排，组成一片小型的"肉肉森林"。没事的时候，千羽就自己搬一把椅子，和它们一起在阳光下沐浴，每次都会令心情加倍地好起来。

每次有新朋友来家里，千羽养的多肉植物就会成为大家关注的焦点。大家在惊叹她有耐心的同时，也都萌生了从千羽这里"领养"的念头，还纷纷向她取经，让千羽收获了不少人气。

佛曰：一花一世界，一木一浮生，一草一天堂，一叶一如来，一砂一极乐，一方一净土，一笑一尘缘，一念一清静。在钢筋水泥铸造的高楼大厦里，我们不敢奢望能拥有绿意浓浓的清雅庭院，忙碌的工作也使我们腾不出更多的时间到大自然中漫步，呼吸清新的空气。但我们有能力改善一下自己工作、生活的小空间，几株盆栽的绿植，就能帮助我们实现这个小小的愿望。

除了多肉植物外，还有很多适合养殖的花花草草。不仅美观，还有实用价值。例如：芦荟在24小时日照下，就能消灭一立方米中90%的甲醛；吊兰可以吸收空气中95%的一氧化碳和80%的甲醛；常春藤可吸收90%的苯、50%的甲醛和24%的三氯乙烯；月季、蔷薇、万年青能有效清除三氯乙烯、硫化氢、苯、苯酚、氟化氢和乙醚；虎尾兰、龟背竹、一叶兰可吸收80%的有害气体；天门冬可以清除重金属微粒；薄荷、柑橘、吊兰能使空气中的微生物和细菌减少；紫藤对二氧化碳、氯气和氟化氢的抗氧性较强，对铬也有一定抵抗性；绿萝等水性植物也可达到消除污染、清洁空气的效果。很多植物具有抗毒性，在室内摆放它们，就可以做到净化空气、美化环境两不误了。

虽然这些矮小的生物不会说话，但会给人更多的安静陪伴，其娇小的绿色身躯，能让你的心中燃烧起生命之火，给予你持续的正能量。

尤其在一个人的办公室里，每天眼中只能盯着呆板的电脑屏幕。看电脑看得眼睛酸涩时，偶尔抬头看看绿色的生命，心里就会少了许多倦意，这一抹绿意让你心中有了无限的向往和憧憬。一天的工作就在

第六章 充实：一个人的独立

这样的惬意中自然而然地开始了。工作闲暇的时候，对着它们发一会儿呆，不知不觉中就习惯了它们的陪伴，习惯了它们的聆听。

居室当中忌放的花卉

1.月季花：它散发出的香味，会使个别人闻后突然感到胸闷不适、憋气与呼吸困难。

2.兰花：它散发的香气久闻之，会令人过度兴奋，引起失眠。

3.紫荆花：它所散发出来的花粉如与人接触过久，会诱发哮喘症或使咳嗽症状加重。

4.夜来香：它在晚上能大量散发出强烈刺激嗅觉的微粒，高血压和心脏病患者容易感到头晕目眩，郁闷不适，甚至会使病情加重。

5.郁金香：它的花朵含有一种毒碱，如果与它接触过久，会加快毛发脱落。

6.夹竹桃：它的花朵散发出来的气味闻之过久，会使人昏昏欲睡，智力下降。其分泌出的乳白液体，如果接触过久，也会使人中毒。

7.松柏类：它的花木散发出来的芳香气味对人体的肠胃有刺激作用，如闻之过久，不仅会影响人们的食欲，还会使孕妇感到心烦意乱，恶心欲吐，头晕目眩。

8.洋绣球花：它所散发出来的微粒，如果与人接触，会使有些人皮肤过敏，产生瘙痒症。

9.黄花杜鹃：它的花朵散发出一种毒素，一旦误食，轻者会引起中毒，重者会引起休克，严重危害身体健康。

10.百合花：它所散发出来的香味如闻之过久，会使人的中枢神经过度兴奋，从而引起失眠。

第六章　充实：一个人的独立

重回童年居住的地方

　　一个人住的日子里，特别容易陷入怀旧的情绪中。有时候睡在床上，会突然想起小时候吃的那种方便面的味道，然后在半夜爬起来网购；有时候偶然在衣橱中翻到了几年前的旧衣服，便一件一件拿出来挨个试过，即使已经不再合身，也依然乐在其中。

　　一个人在一个地方待久了，房间里会出现很多没用但又舍不得扔的东西，瓶瓶罐罐、零零碎碎的虽然碍眼，但总舍不得扔，结果积攒了很多"垃圾"。其实，并不是物品本身有多么珍贵，让人难以忘怀的，是附着在物品上的当年的青春和回忆。它们存在的目的就是提醒我们，自己是怎样一步一步走到现在的，不要忘记了当初的原点。因为，只有在那里，才能找到我们最初的自己。

　　在公司午休的间隙，淑颖接到了父亲打来的电话，说前两天老家接连下暴雪，不知道老家的房子塌了没有，让她有时间回去看一下。虽然心里有一万个不想回去,但嘴上也只能含糊答应,说:"塌了就塌了吧,反正又不住人了。"没想到爸爸很坚决:"谁说不住人的?我和你妈过两年退休了,还要回去养老呢!"淑颖看爸爸认真了,悄悄吐了吐舌头,答应过两天有时间一定会回去看,爸爸才放心地挂断了电话。

放下电话,淑颖心里一阵烦躁:马上就要到年底了,公司要准备年度考核,听说明年内部会有人事调整,自己很有可能会被提拔,应该好好表现,但最近自己的状态非常不好,焦虑、失眠,头发大把大把地掉,工作中还接连出现了几个低级错误。照这样下去,别说升迁了,不被裁员就烧高香了,这噩梦般的日子什么时候是个头啊……

终于下班回家了,淑颖一头栽在床上,感到一阵阵绝望。在外人看来,淑颖的成长经历似乎是"别人家孩子"的模范样本:从小懂事、学习好,考上了重点大学,留在了大城市,工资高,长得也漂亮,人生似乎没有什么挫折可言,事实上,淑颖的生活并不是表面看上去的那样光鲜亮丽。

只有淑颖自己知道,自己是一个多么懒散的人,但是从小到大,老师、家长总是要她"独立""用功""出人头地"。她自己什么都来不及想,就被套在了这样的套子里,久而久之,她自己都认为这就是自己的真实想法。一旦自己出现懒散、拖沓的想法,心里便会充满了负罪感,觉得自己"不上进了""失败了",结果越来越累,越来越焦虑。她觉得自己就像一头被蒙着眼睛拉磨的小毛驴,每天重复地转圈圈,却根本看不见前面的方向。她觉得自己快崩溃了,干脆跟公司请了假,回

第六章 充实：一个人的独立

老家散散心。

虽然十多年没有回来过了，但一下火车，淑颖立刻认出了回家的路。小村庄里的发展远不如大城市那样日新月异，很多地方还保留着很多当年的古朴风貌。而淑颖也是在这个地方，在奶奶的照顾下度过了童年时光。

她慢慢走在老街上，好奇地寻找着记忆里的影子：这个是曾经的学前班，如今已经改头换面成了敬老院；那个卖零食的小铺子，现在开成了小超市；老屋门口的大柳树也已经有了一人多粗，她想起小时候和奶奶一起在门口散步，奶奶摸着她的头说："你就是奶奶的小拐杖。"她也甜甜地跟奶奶保证：以后一定要给奶奶买一双新鞋子……童年的时光真是无忧无虑，但人年龄越大，走得越远，越会忘记自己最初的位置。

虽然现在自己在物质上比较宽裕了，但不知为什么，心底深处总有几分怅然若失。有多久没有回家看一看，陪爷爷奶奶说说话了？记不清了。急行的脚步总是那么匆匆忙忙，怕别人赶上，又想超过别人，总想着再多赚点就好了，等升了职就好了，但总也停不下来。如果重遇当年那个梳羊角辫的自己，相信她一定会讨厌眼前这个"怪阿姨"吧？淑颖望着阳光灿烂的蓝天，心里已经对自己的未来有了新的打算。

虽然我们当今的生活，不管是在物质上还是精神上，都已经比父辈、祖辈得到得多、富足得多，可是，当被问起"你幸福吗"这样的

你好，我亲爱的独居时光

问题时，却没有多少人能绽放出一个满意的笑脸，点头称是。因为人们总是习惯于把注意力放在未能完满达成的事情上，例如，婚姻不理想，工资不够多，生意不够大，住房不够大，车子不够好，孩子不听话，等等。在我们的物质条件越来越优越的时候，却有越来越多的人坦言自己过得不幸福。

其实，幸福是什么？很少有人能具体地说出来。人的眼光都是向上的，没房的羡慕有房的，百万富翁羡慕千万富翁，千万富翁羡慕亿万富翁……永无止境。真正的幸福感，来源于我们看待事物的心态和欲望的多少。

你的心态是积极的，心情自然也会好起来。

欲望是无止境的，太多的欲望会使你的心越来越累，最终迷失在里面而不自知，又何来幸福可言？用积极的心态面对生活，卸掉欲望的枷锁，能够明白自己想要的是什么，并且愿意为之付出努力，这就是幸福了，幸福就是这么简单。

股神巴菲特说得好："对一个人来说，生理需求是非常容易满足的，而永远都填不满的，是无边的贪欲。其实，人生在世，所需无多。因为，你只有一个胃。"家有金山银山，一日不过三餐。万顷良田一口饭，千座大厦一张床。我们真正的生活所需其实早就够了，我们追求的已经并不是我们真正的"需要"，而是欲壑难填的"想要"。

当诱惑出现时，有的人便对现在平静安稳的生活看不上眼，对应该付出努力、给予时间、耐心等待的事情嗤之以鼻。社会功利，人心浮

第六章 充实：一个人的独立

躁——为什么我就不能住上更好的房子？为什么我就不能开更好的车？为什么我就不能当更大的官？正是不知足的心，让人们把宝贵的、来之不易的现实轻易丢掉，转而去追逐那金光闪闪的海市蜃楼、空中花园。

人往高处走，水往低处流，这无可厚非，但是达到一定的程度之后，这条规则也会逐渐失去它的意义。所以我们追求任何东西，都一定要有度，等得到了合宜的报酬以后，就该敏锐地发现：人生最宝贵的财富并不是功名利禄，而是一种自知自足的智者姿态。因为人一旦知足，就能关上欲望的闸门，远离贪婪的洪水。

一个人童年居住的地方，是他第一次建立自我、第一次判断自己是否有价值、第一次向外界学习、第一次与他人及世界建立联系的位置所在。它就像你的生命之根，塑造了你生命里的最初形态。无论你走多远，这个根都依然存在。

有很多年轻人，找不到生活的意义，去旅行，去西藏，去找"灵魂居住的地方"，其实，你的灵魂根本没有跑得那么远，与其舍近求远，不如找个时间回到童年居住的地方走一走，想想当年天真的理想和那时对生活的理解，也许你会对现在的生活和目标产生新的领悟。

你好，我亲爱的独居时光

学点化妆技巧

俗话说"女为悦己者容"，一个人的时候打扮得再美，一想到无人欣赏也就失了兴致，变得蓬头垢面起来，连镜子都不肯多照一下。甚至会在偶尔瞥见镜中的自己时感到困惑："这是我吗？"

直到偶尔参加一次聚会活动，才手忙脚乱地发现：衣橱里的衣服、头上的发型、散乱的鞋子，都因为没有及时更新而显得那么不合时宜。连自己都没有信心在人前出现了……

香奈儿说："每天你都不知道等待自己的命运是什么，与其在机会到来以后仓促应对，不如每天都以完美的状态迎接新的生活。"长得漂亮的女人要好好地打扮自己，让自己的优点更加夺目；长得不漂亮的女人更要通过打扮弥补自己的缺点，增加自信。

人是一种情绪动物，尤其是女人。一个女人过得好不好，心情怎样，都可以在她的气色和容貌上找到端倪。昨天还神采奕奕，今天可能

第六章　充实：一个人的独立

就面色萎黄。对于女人来说，打扮是一种技术，也是一种艺术，是自己审美观的一种体现。每个人的人生都是一张素描，或浓或淡的色彩都需要自己调配，心灵装饰得再完美，如果蓬头垢面、衣不得体，也没人看到她的美。

自古以来，化妆都是女孩的一项必修课，但中国的"中庸"文化，造成了之前的中国女性不敢打扮、不爱化妆的习惯，认为低调朴素才是妇道，化妆会伤害皮肤。

在中国，有很多姑娘不化妆，觉得太假太累，宁愿花几千块几万块去买一件衣服、珠宝，花几个小时去做头发，也不愿意化妆。其实，这种想法是一种偏见。美妆，绝不是给自己戴上虚假的面具，而是让自己的面貌和精神状态成为相辅相成的良性支持、良性循环。一个精致的妆容可以让你在人际交往中显得礼貌从容，更能凸显你的独特气质，尤其是在正式场合，适当地化妆可以提亮肤色，让你在任何状态下都能表现出自信和魅力，可以说，能够在适当的场合化适当的妆是一种能力。

曾经在香港的地铁里看到一个女孩用整整半个小时来化妆，旁若无人，专心致志。那份专注，令人动容，虽然她只是画了一个淡妆，看起来却神采奕奕，十分精致好看，让人感到她有份体面的好职业。对一个职业女性来说，一张化过妆的精致脸庞就是一种职业操守，它会像工装，让人感到你是训练有素的。在欧洲，即使是年过花甲的老奶奶脸上也依旧会带着精致的妆容，这是一种积极乐观的生活态度。

化妆是一门技巧，是一项能将人变得漂亮的"魔法"。这门技巧

说简单也简单,说不简单也不简单。如果你想要掌握这门技术,在学习之前,一些必备的化妆工具和化妆品是必不可少的:

1. 化妆棉:蘸化妆水,清洁或卸妆使用,可分棉花块和无尘式化妆棉。

2. 修眉刀:有整支,也有刀片式(一打装卖),修整眉形用。

3. 睫毛夹:上睫毛膏之前,用睫毛夹把睫毛夹翘,刷睫毛膏后再夹一次,翘度可以更持久。它也分大型、小型和局部用三种款式,东方人应选日本品牌较适合,另有电热型。

4. 眉毛剪:也就是一般刀口微弯的小剪刀,用来修剪眉毛的长度,也可剪胶纸、假睫毛等,也有人称外皮剪。

5. 镊子:前端弯曲的尖头镊子,用来夹化妆棉、种植假睫毛等。

6. 棉花棒:呈圆形头的棉花棒用来修饰细微部分,例如晕开眼线、唇线或眉毛,有大小头之分,也可用于卸妆清洁。

7. 削笔器:唇线笔及眼线笔的笔芯因含油脂而柔软易断,需使用此削笔器刨尖来使用。

8. 纸巾:出油的时候,唇彩的颜色需要调换的时候,口红需要调整为哑光的时候,都会遇到纸巾,最好折叠使用。

9. 粉扑:分大小,较大的用在上全脸蜜粉时,也可准备深色系、浅色系不同蜜粉专门粉扑。

10. 眼影刷:选毛质较软、不刺且弹性佳的,有大、中、小三种规格,大号的修饰脸部较深的轮廓,如整个眼窝、鼻侧、脸颊等;中号为

第六章 充实：一个人的独立

尖头、有弧度型，易于描绘角度，用在眼皮较宽的范围或眉骨；小号的适合蘸深色眼影，可修饰眉型或眼帘部位。

11.睫毛刷：适合于睫毛、眉毛的上妆。可将未干的睫毛膏刷开；用其刷眉毛，比用眉笔或其他刷子所整理出的眉型更加自然。

12.唇刷：分平口及尖圆头两种，需选用毛质有弹性，不要太粗短或太长太软的唇刷。

13.腮红刷：腮红刷通常为柔软、中号大小的圆刷或平刷。长而柔软的刷毛可以让你在上粉状产品的同时不破坏已上好的底妆。

在化妆的时候，一般会遵循以下化妆的基本步骤：洁面—水—露—BB霜—粉底—眉毛—眼影—眼线—睫毛—唇膏—唇彩—腮红。对应的化妆品是：护肤品、BB霜、粉底、眉笔或眉粉、眼影（简单的四色大地色系眼影即可）、眼线笔、睫毛膏、唇膏、唇彩、腮红。

对于化妆品，初学者要买的应该是学习用途的实用型工具，而不是名牌、高品质、高品位的奢侈品。一旦有了经验与门路，慢慢地就会知道怎样才能找到高品质、低价位的化妆工具了。

不过，所谓的化妆，需要掌握一定的技巧，而不是化妆品的简单堆砌。在上妆的时候，要掌握两个基本原则：

1.妆容必须像本人。这句话听起来好笑，做起来却不简单。很多拍过艺术照或者婚纱照的人，会觉得化妆以后变得不像自己了，就是因为那不是属于你自己的妆容，而是一个面具。

2.不是每个遗憾都需要掩盖，不是每个长处都必须突出。一个合适的妆容是为了凸显你的气质,而不是喧宾夺主,只是为了让你的脸好看。

虽说化妆是化给别人看的,但即使是一个人,也绝对不能放弃自己对于美的追求。化妆之后的脸,给自己和给他人的感觉都会更加安心。你不必因为自己脸上的任何瑕疵担忧他人的看法,观者也不必因你脸上裸呈的瑕疵有怜悯、安慰的义务。你的妆容甚至代表你的涵养,代表你将自己隐私的一部分管理得当。世界那么大,你不知道下一分钟会遇见什么人,别让机会从你的脸上溜走。

第七章

梦想：一个人的坚持

> 不管你失去了什么，只要目标还在，一切就能够继续。即使生活欺骗了你，也要相信下一次会更好。

学会在压力下生活

有人说现在的世界真是越来越不好混了,不光是上班族,连几岁的小孩子都满世界嚷着说:"妈妈,我压力好大!"这还真是闹不住了啊。但究竟什么是工作压力,工作压力又有什么样的表现呢?

关于"工作压力"的概念,并不是单纯指任务多,完不成总加班的情况,比如一个人手头有好多事情,并且领导下了最后通牒,要求他必须在哪一天之前完成的情况,还有一种压力是想象中的压力,比如明明没在工作,但你开始担心明天完成不了领导派下来的工作,可又不能一时解决,导致心情比较沉重,像这样的状态也是工作压力的一种表现形式。

子怡目前在一家世界500强企业的后勤部门工作,这个工作说起来没有什么具体的任务,其实就是整个公司的"管家婆",事无巨细都要管。到了业务忙的时候,加班加点更是家常便饭。经常一周有三天会加班到很晚。让子怡特别委屈的是,领导根本不知道自己加班!他下班就

第七章 梦想：一个人的坚持

走，还总是旁敲侧击地"提点"子怡："你看看别人加班到几点几点，一天接多少多少电话……"

这点更让不善言辞的子怡心中不满，她觉得自己真是委屈极了：虽然部门人很多，但那些都是老职工，自己是新人，很多事都推到了自己头上。现在自己一个人相当于要担任五个文员的职务，还要无师自通地熟悉业务，准备一年两次的公司考核，还有无休止的加班……虽然不想这么拼命，但是大家都这样做，如果自己偷懒的话，可能随时都会有被淘汰的危险。

子怡虽然舍不得这份工作，但是她觉得这个公司的要求实在是太苛刻了，也许换个环境就不会出现这样的情况了……

上学时，物理老师说过：当空气中的压强不平等的时候，空气就会从压强高的地方向压强低的地方流动。这个定理在职场上也经常出现，尤其对于年轻人来说，反正工作有的是，这个压力大，那就换一个，这个又受不了，那就再换一个。结果换来换去，发现原来空气中的压强都是相等的，压力在哪里都会存在！

为什么我们经常会感到压力，对此，心理学上是这样定义的：心理压力是一种复杂的现象，一般来说，压力开始于一些特别的需求，而一项特殊的需求是否产生压力取决于个人对需求的理解。如果个人没有体力、精神或情感方面的资源去满足需要，需要就被认为是潜在的压力因素。这句话读起来可能有点绕口，通俗一点的理解就是：当你达不到自己的要求或者短时间内没有得到自己想要的东西，压力就出现了。但这种需求不是外界给你的，而恰恰是来自你的内心。

但很多人误解了这种压力的来源，认为压力是外界作用的结果，只要远离这个压力源，压力就会消失得无影无踪。我想，如果这种方法是正确的，那世界上也就不会有那么多人整天抱怨压力太大了。其实这种逃避的心理状态还有一个专用的心理名词，叫作"退行"，是指当一个人面临某一应激情境，无法以适合该年龄身份的适当行为独立应付时，转而以较早阶段的幼稚行为方式来求得他人的支持和安慰，或满足自己的欲望的行为，属于人的一种正常心理防御机制。

虽然这种防御机制人人都会有，但是你一定要知道：逃避压力就跟逃避食物、运动一样不合理。可以说，除非你死了，否则任何人都不能逃避压力。青少年时期，我们有学业压力；成年时期，有工作、家庭与经济方面的压力；到了老年时期，有健康、孤独的压力等等。如果你一味地逃避，只是用小孩子解决问题的方法来应对自己出现的问题而已，并不是真正的解决办法。

那么，我们应该如何正确地看待压力呢？

1.告诉自己"我能行"。

自然界中有一个著名的吸引力法则，这个法则认为：你生活中的所有事物都是你吸引过来的，是你大脑的思维波动吸引过来的。所以，你将会拥有你心里想得最多的事物，你的生活也将变成你心里经常想象

第七章　梦想：一个人的坚持

的样子。

所以，当你觉得一切都在你的掌握之中时，这种感觉本身就能很好地释放压力。

这种自信的感觉会帮助你有选择地，而不是被动地接受所面临的各种事情，你可以将看似无绪的一堆问题分解成若干具体的小事，一件件来应付。完成一件，就在清单上划去一件，并告诉自己：我才是我人生的主宰。这样做带来的成就感是对抗压力的绝佳武器之一。

2.尽早规划，绝不拖延。

明代有一首著名的《明日歌》："明日复明日，明日何其多，我生待明日，万事成蹉跎……"这么简单的道理却是一件很难做到的事。很多人都抱怨自己患上了拖延症。明明有件事情迫在眉睫，自己却迟迟不动手去做，这种很多事情搁着未做的心理暗示，本身就能造成巨大的心理压力。

所以，要想缓解这种状况，就要养成能在今天办完的事不会拖到明天，能在当时办完的事不要拖到数个小时之后的好习惯。

3.拥有自己的娱乐方式。

曾经有人问过我："如何最大限度地远离工作中的压力？"我觉得是尽可能地做一些远离你工作的事情。例如：你的工作是IT，你可以去玩摄影、玩音乐、玩街舞；如果你是编辑，可以去运动，去做一些和文字无关的事情。总之，你选择的活动与你的本职工作偏差越大，你越能感到身心的放松。

总之,压力可以缓解,但不能消除;压力可以适应,但不能被它压垮。只要你掌握了压力的作用机制,那么,总有一天你会将它收得服服帖帖的。

一个人的减压小贴士

当一个人处在压力之下时,会不自觉地出现反常的思想和行动,典型症状有:突如其来的举动,变得易怒或有攻击性,出现嗜食或者是厌食的症状,神经衰弱,注意力不集中等。如果你出现了上述症状,可以试试下面的方法:

1.沐浴两分钟阳光。科学研究发现:清晨的阳光是对心灵最好的按摩,能达到让人精神愉悦、心理放松的作用。

2.想想令人开心的小事。如:芳香的肥皂、路边繁盛的花朵、窗外飞过的白鸽,都能起到减压的作用。

3.避免将精力消耗在与处理问题无关的思维或事情上,集中精神去分析和面对问题。

第七章 梦想：一个人的坚持

试试找一份兼职

在物价高涨的今天，朝九晚五换来的一份薪水对很多中低收入的女性来说多少显得有些捉襟见肘。于是，兼职日渐成为职场女性的一种新时尚。兼职不仅使很多女性在经济上更加宽裕，也让她们在能力上得到相应的提升，更让一些女性得到了精神层面上的满足。

八小时工作之外的财富积累，也可以把正职中没有用到的爱好与特长在兼职中发挥出来，在固定工作与个人爱好之间"切换频道"。工作与兴趣的结合，不仅可以调整工作心态，同时可以发现和开辟新的发展空间。

珊妮从小就是一个文学爱好者，看了很多中外名著，对王朔、亦舒等人更是崇拜有加。她小时候的理想就是成为一名作家，大学时读的是中文专业，但在真正地从理论上接触了文学后，她才发现现实和理想之间的差距还很远。所以，毕业后她放弃了小时候的理想，选择了一份安稳的工作。虽然没有成为一名作家，珊妮还是把文学当作自己的一种爱好，没事时喜欢写点东西，发表的不多，却不影响她对文学的喜爱和追求。由于工作比较轻松，珊妮决定找一份兼职工作。后来经朋友推荐，珊妮为一家出版社兼职做文案创作。完成一个小文案，就可以获得几十块到几百块钱不等的报酬。工作多的时候，一个月下来能赚几千块钱，和自己的正职工资相差无几。

网络的发展给兼职带来了更多的渠道与选择。在各种各样的招聘信息中，兼职会计的信息一直占据很大份额，可见其市场需求很大。兼职会计的特点是工作任务不重，时间灵活，非常适合工作压力不大的职业女性。

佳宜在一家大公司担任会计主管，工作非常清闲，因此她又找了几份兼职会计。目前，她正为四家小公司做兼职会计，平均每个公司每月付给她1000元薪水。这样下来，每月只兼职收入一项就是4000元。佳宜一般都是利用下班时间到兼职公司去处理财务上的问题，有一半以上的账目带回自己家里做，充分利用了空余时间。因为，一般小公司的账目都很简单，资金往来量不是很大，佳宜的主要任务就是帮他们做账，可能还加上报税。一个月的会计工作量，佳宜只需1~3个工作日就可以完成，所以影响不到她的本职工作。通过兼职会计，佳宜不仅大大增加了自己的经济收入，也很好地利用了自己的空余时间，同时还锻炼了自己的工作能力。

可见，兼职对女性来说是一种双层次的提高，它既满足了女性经济层面上的需要，也满足了女性能力提升的需要。不过，需要指出的

第七章 梦想：一个人的坚持

是，有些兼职岗位对兼职者的专业技巧、知识、经验的要求较高。比如，上面提到的兼职会计，只有具备全面的财务知识与工作能力，才能胜任这份工作。

不管怎么讲，对于很多女性来说，兼职是一种既经济又享受的工作。在家里兼职，很多女性卸掉了来自老板的压力。在家办公，自己说了算，相当于"自己当老板"，灵活支配时间、自主安排工作量以及工作进度，使自己的生活过得更加充实。

经济的发展，特别是网络的普及，这些都给兼职带来越来越多的选择，兼职的岗位也越来越多样化。那么，对于女性来说，现在社会上有什么样的岗位能让女性在工作之余轻轻松松赚钱呢？

1.网络编辑，利用"聊天"时间来挣钱。

随着网络技术的不断发展，传统编辑方法与计算机技术相结合，编辑工作也有了全新的方式。在互联网飞速发展的今天，网络编辑也发展成为一个新兴职业，而且越来越多的女性朋友加入这个行业之中。随着社会发展对网络编辑的需求，兼职网络编辑也逐渐成为非常有发展潜力的行业。兼职网络编辑前途光明，工作时间宽松、有一定文字功底的女性可以尝试一下。

2.自由撰稿，让你的"文采"变成"钱财"。

在20世纪末，一些报刊上就开始偶尔出现"自由撰稿人"一词。进入21世纪，这个词更是频频出现在各种新闻媒体上。作为一种新兴的社会职业群体，自由撰稿人的出现不仅给我国的新闻出版事业注入了新鲜血液，也为维持社会舆论和营造文化氛围做出了很大贡献。自由撰稿人成了我国新闻出版事业中不可或缺的成员，而女性朋友因为在文字和情感上有先天的优势，可以更好地胜任自由撰稿这份工作。

3.拍照赚钱，娱乐理财两不误。

数码相机的普及以及网络技术的迅猛发展，为一些女性朋友提供了发财机会。只要具有一定的审美能力，选取的事物或角度具有独特性，所拍照片一般都能卖个好价钱。现在图片库需要的图片种类各式各样，突发事件、旅游民俗、都市风情、图片故事等，只要是内容新颖的照片，都能为女性朋友带来意外收入。

4.兼职翻译，发挥外语优势。

虽然很多女性朋友英语学得非常好，但他们仅仅利用这门学科的成绩来达到升学或找工作的目的。参加工作之后，由于用到英语的地方较少，所以很多女性朋友渐渐荒废了当初花费大量精力和时间所取得的成绩。实际上，掌握英语不仅是一门技术，而且可以利用这种特长收获不错的经济效益。

5.家教，充分利用你的特长。

如果你是一位教师，或者具有美术、音乐、绘画、舞蹈等方面的特长，完全可以在下班之后或者节假日，寻求一份兼职家教的工作。

6.兼职婚庆人员，积累财富和人脉。

随着越来越多的新人希望自己的婚礼新奇和完美，能够得到个性

第七章 梦想：一个人的坚持

化服务，相关婚庆服务的费用也水涨船高。为了节省费用，婚庆公司的兼职队伍都异常庞大，其中包括婚礼主持人、车行提供的婚用车队、摄像师。等于说，一家经营全面的婚庆公司需要聘用几百名工作人员。所以，如果女性朋友认为自己有这方面的优势，不妨利用空闲时间去做一名婚庆兼职人员，比如兼职婚庆主持人，跑跑腿、动动嘴，一年的额外收入就会不少。

7.平面模特，美丽也是一种财富。

随着物质水平的不断提高，人们越来越注重对美的追求。对于拥有先天优势的女性来说，兼职平面模特也是一个不错的挣钱途径。

如今，"兼职捞外快"的理财观念，在现代女性朋友中越来越流行。在现实的经济生活中，兼职不仅可以补贴女性朋友的日常花销，有助于女性朋友减少对时间与金钱的挥霍，而且可以学到很多知识，丰富工作经验，提高工作能力，为生活增添乐趣。"积累八小时之外的财富"，一举多得，何乐而不为？

找到思想的归属地

近几年,西藏的旅游市场火爆,很多小资的文艺青年都打着"去西藏寻找灵魂"的口号,踊跃去朝圣。但是,去完西藏回来,大部分只是电脑里多了一个叫"西藏"的照片文件夹。所谓的灵魂呢?大多是没有找到。

人如果心里没有归属,走到哪里也只是一具空荡荡的躯壳。你的灵魂根本不在西藏,也不在丽江,它就在你自己的内心。

现在的人普遍缺乏信仰,即使表面上搞得轰轰烈烈,内心也是一片荒芜。为什么?就是因为没有信仰,内心没有归属感,思想找不到落脚之地。失去了,不知道自己为什么失去,彷徨而又迷茫;得到了,不知道自己为什么得到,患得患失;不知道自己生活的意义,整日惶惶不可终日,日子怎么能好过得起来呢?

27岁的静雯在一家融资公司做助理,因为业务熟练,人又亲和,颇受老板的信任。但如今还孑然一身的她,深深感到了年龄带来的压

第七章 梦想:一个人的坚持

力。年纪还不大的她不知不觉已被划入了"剩女"一族,看到身边的同学、同事一股脑地结婚、怀孕、生孩子,或是一个个升职加薪,她开始心浮气躁起来,感叹道:"我以前曾有许多兴趣爱好,现在什么都没有了,相反,对生活还有些厌恶。"对于升迁,她也没有了以前那种热衷。她说:"现在不都流行一个词吗?叫'败犬女王',不管你在外面的事业到达了什么样的高度,只要你没有一个男人,就像一只无家可归的败犬,没有足够的底气。"对于未来,静雯更是不敢去想,她常会深夜醒来或整晚失眠,脑子里全都是工作和可怕的未来,甚至患了轻度的忧郁症。

人最渴望的就是平安,最想追求的是一种"现世安稳,岁月静好"的人生状态。趋利避害是人的本能,但只靠"躲"来避害,不是长久之计。如果内心没有信仰和寄托,你能知道什么是吉、什么是害吗?归根结底还是要摆正自己的心。

一次,唐太宗在长江上游览风光,看到江上船只来来往往,非常热闹,就问船家:"你数数这江面上有多少船啊?"船家回答道:"只有两条船,一条船叫'名',一条船叫'利'。"唐太宗听完点头称是,说:"熙熙而来,皆为利来;攘攘而往,皆为名往。"

我们整日里忙碌奔波,早上早起上班,晚上披星戴月地回家,到底是为了什么呢?当你在外陪酒应酬、心力交瘁的时候,你的保姆可能在你的海景别墅里,抱着你的狗在看夕阳。现在青壮年自杀率逐年上升,就是因为很多人找不到自己生存的价值。不知道活着到底是为了什么,不知道做这些到底是为了给谁看,在压力下迷失了自己最初的本心。

其实,生活中的这种年龄压力,很大程度上是由自己的心理暗示决定的。如果心理上认为自己老了,身心都会觉得衰老,这种状况长期持续,就会出现身心疾病,如食欲下降、头昏、失眠早醒等。这些都是压力失控的表现。

1.年龄问题根本上还是心态问题。

随着我们接触的事物越来越多,看问题的方式和方法也会发生变化,就是对同一个问题,在不同的时间和心情下也很可能有不同的答案。有的时候可能是你已经确定了目标,所以也就不想去玩了,而是改为为你的目标而奋斗,努力的方向不同罢了。

不管是为了什么而努力,在达成愿望之前多少都会有一些压力。我个人觉得是很正常的事情,请不用担心,就像是学生考试的时候,多少会有一些压力。但是压力也是动力啊,没有压力可能就会不思进取,这样就会更加无聊和无趣。

2.没有谁能规定你什么年纪做什么事情。

生活不都是按常规出牌的,也不是早早就按程序安排好哪个年龄阶段该做什么样的事情或该承担什么样的责任……这个世界有太多人承受着本不该是这个年龄段承受的东西。当我们也处于这种角色的时候,只有自己努力,才能学会在困境中不断成长、强大起来。也许你面临的问题别人也能遇到,也许别人承受的是另外一种压力,只不过不愿意让外人知道罢了。

第七章 梦想：一个人的坚持

3.学会取舍，去放弃一些东西。

有压力才会有动力，才会让你逐渐成长起来，但是太大的压力会导致一个人彻底崩溃，也许你该试着放弃一部分。

说到底，人就是在压力中不断成长起来的，每个阶段对于当时的你来说都是很迷茫的，但是回过头再看，就觉得之前的迷茫和现在的困境根本不值一提。

人，不能不知道自己做什么。你可以为名利而忙，却不能只为了名利而做事。名和利不过是我们在追求内心价值的过程中，附加产生的一个东西，不应该是我们的最终目标。在大的前提不变的情况下，尽力把事情做到最好。如果已经做到尽心尽力，但结果仍然不能尽如人意，那也没有什么可遗憾和忧虑的了。

把一件简单的事坚持做下去，就是不简单；把一件平凡的事坚持做好，就是不平凡。在做事的时候先把利益和担心放在一边，先去做，做好了利益自然就有了。中央电视台的一个公益广告上说"心有多大，舞台就有多大"。如果你的梦想是成为一名千万富翁，那你起码会做到一名百万富翁，但如果你只想做一名百万富翁，那你一辈子也做不到千万富翁。道理就是这么简单，一切都在于你自己的内心。

只有找到了自己内心的宁静和归属，才能找到让自己坚实地立在这片大地上的动力。只有这样，才能包容和接受一切，才能坦然公正，才能符合自然之道。符合了道才能长久，那任何凶险和忧患就都不会来搅扰了。

永远不要放弃

小时候，我们每个人都有过各种各样的梦想：有的人想当医生，有的人想当科学家，有的人想当宇航员……但是，能将自己幼年的梦想真正付诸实践的人少之又少。只怕很多人现在回想起往日的梦想，只觉得幼稚和可笑罢了。而那些曾经的憧憬、愿望和梦想，之所以没能实现，有的是因为客观条件不允许，有的是因为自己的主观期望过高，更多的是因为缺乏实现自己目标的勇气和毅力。

在《传家宝·俗谚》中，有一句俗语叫："有志不在年高，无志空长百岁。"意思是说，有远大志向的人不在乎多大的年龄，心中没有志向和理想的，即便是活到百岁也是白活。但是，这个心中的志向并不是说说而已，它需要你付出百倍的努力和坚持，否则那就不是志向，而是空想。

"晚上想想千条路，白天起来走原路"，是我们很多人的生存状

第七章 梦想：一个人的坚持

态。我们不满意自己的生活，想做出改变，每天立志，却每天都又推翻自己的想法，没有一个能够坚持下去的，这就不是真正的有志。

老子说："知人者智，自知者明。胜人者有力，自胜者强。知足者富，强行者有志，不失其所者久，死而不亡者寿。"意思是，能了解、认识别人叫作智慧，能认识、了解自己才算聪明。能战胜别人是有力的，能克制自己的弱点才算刚强。知道满足的人才是富有的人。坚持力行、努力不懈的就是有志。不离失本分的人就能长久不衰，身虽死而"道"仍存的，才算真正的长寿。

其中，一句"强行者有志"，就概括了生活对我们的忠告。一个人要想有所成就，光有目标是不行的，还要有走下去的恒心和毅力。有句话说："如果你感到现在的生活很艰难，那么恭喜你，因为你是在上坡。"每个人都喜欢玩，喜欢休闲娱乐，但是为了达到自己的目的，我们必须放弃一些肤浅的欲望，将精力放在真正重要的事情上。

所谓"强行者"，何谓"强"？就是过得了要过，过不了也要过。这是个战胜自己内心欲望的过程。但是这个过程确实异常艰难。很多时候，我们一天只能改变一点点，还没等量变引起质变，我们就在心里放弃了改变的意图。所以，人类最强大的敌人其实是自己，最大的对手也是自己，这句话说的一点儿也没错。

每一条通往成功的路都不是一帆风顺的，除了有少数人天赋异禀之外，其他人的资质大致相同。但为什么在几十年之后，有人达到了当时的目的,有人没有呢?原因不在于运气,而在于我们每个人付出的坚持和努力。

法国大作家巴尔扎克年轻的时候,决心从事文学创作。但是,对于他的这一想法,全家人都表示不同意,认为他不是从事写作的材料。最后,由于他的坚持,父母同意给他一年时间,为他提供一切便利条件,让他从事写作。

一年过去了,他什么也没有写出来。父母不再支持他,让他自力更生,自谋出路。他在极其贫困和艰难的情况下,仍然坚持自己的梦想,终于写出了号称《人间喜剧》的100多本小说,跻身于世界著名文学家之列。他的《人间喜剧》被恩格斯认为"其所反映的法国社会,比当时所有历史学家、经济学家、统计学家、社会学家所有著作的总和还多"。

不管做什么事,我们都不能保证百分之百的成功,但都要付出百分之百的努力。否则,即使你有天赋的才华,也会像《伤仲永》中描写的少年仲永一样,从少年的"神童"走到最后的"泯然众人",任由一腔才华付之流水,着实让人痛心。

人生之路注定布满荆棘和坎坷,消极懦弱的人注定要与成功擦肩而过。面对看不见尽头的每一条路,只有一条我们一定不能选择,那就是放弃的路。人如果丧失了幻想和期望的本能,那么就如同一只被绑住了翅膀的小鸟,永远不能再次在高空中翱翔。

第七章 梦想：一个人的坚持

信念有时候就像一面闪亮的镜子，它可以使我们无论面对什么，都永远保持明朗的心情；信念更像一个导航标，可以指引人的心路。只要心怀信念，那么困惑时我们必定会再次看到柳暗花明，伤心郁闷时也会豁然开朗。

在人生前行的道路上，我们一定要有自己伟大的志向和源源不断的斗志。有了信念的驱动，然后脚踏实地埋头苦干，那么未来的生活必将精彩无限。法国作家小仲马曾经说过这样一句话："人生真美好，只是看你戴什么眼镜去观看。"有梦就有希望，梦想成就未来。要知道"体人生百味即是乐，若非如此，死赴极乐亦是苦"的道理。

"有志者，事竟成；破釜沉舟，百二秦关终归楚。苦心人，天不负；卧薪尝胆，三千越甲可吞吴。"未来的成功永远只属于坚持不懈、心中藏有坚定信念的人。

人生只有经历了伤痛，才会知道苦尽甘来的滋味。只有体会了悲喜交加的复杂心情，才能对生活再次充满希望。所以，永远不要说放弃，永远不能说放弃。

立志不易，强行更难。如果你认定了目标，不管前面有什么样的高山险阻，都要坚定志向，即使失败了，也有从头再来的勇气。要知道，失败不是人生的低谷，而是一个厚积薄发的过程。本以为自己停滞不前，其实已经在不知不觉中长大了。正是因为失败，才会发现人生有了更广阔的视野；正是因为失败，才会明白什么是自己想要的生活；正是因为失败，才能自己选择什么时候悠然漫步，什么时候奔跑前行。

第八章

等待：一个人的蜕变

一个人不能只会被动地等待别人爱的给予，一个内心强大的人，本身就是一个爱的发生器。

爱别人，从爱自己开始

有项调查显示：中国人普遍缺乏幸福感，尤其是大城市里的上班族，幸福程度甚至比不上二、三线小城市的上班族。究其原因，除了大城市物价水平高、生活节奏快、工作压力大以外，还有一个原因是人在大环境中没有找到自己的位置，找不到周围环境对自己的认同感。工作不如意、理想不能实现，如此一来，幸福感怎能不降低呢？

几年前，家里曾经养过一只后腿有些残疾的小狗，本来以为它活不长，没想到竟然也活活泼泼地长大了。虽然它有些残疾，但一点也不妨碍它调皮的天性，不管和什么样的同类在一起玩，都没有显出一丝胆怯，一瘸一拐地照样玩得兴高采烈。

有人可能会说，那是自然的，不就是一只狗吗？一个小动物怎么会知道自卑不自卑这些事情呢？

这么说来，似乎有些道理。在动物界中，似乎只有人对自己的自

第八章　等待：一个人的蜕变

身条件特别关注，也是最不容易接受自己的。还有一部分特别极端的人，我们把他们统称为"完美主义者"，他们对于完美有一种近乎病态的追求。奇怪的是，这个词在时下的年轻人中特别流行，有很多人还以此为荣，好像完美主义者本身就已经代表着完美一样。

其实，完美主义者之所以对完美有那么执着的追求，其根源首先是对自己的全盘否定。他追求的不一定是完美，而是他心中已经默认自己是不完美的了。

毕淑敏写过一篇文章，叫《白沙丘》，里面的母亲为了追求孩子的绝对完美而失去理智，最后虽然得到了所谓的完美，却付出了孩子的生命。这并不是只存在于虚构小说中的幻想故事，我们生活中这样的例子随处可见。

有个叫郭晏均的女孩的自杀事件，曾在各大媒体引起关注。她曾经是那么优秀：工学院两名最佳毕业生之一；华尔街白领；麻省理工商学院MBA；游学走访35个国家，人也青春漂亮。这样一个全能全才的女孩，有什么理由会放弃自己的生命呢？

仿佛是为了解答大家的疑虑，她在自己的博客中曾留下这样一段文字："生命在2010年以后就开始变得很快。首先是结婚，我非常精确地按照父母的旨意在26岁生日那天办完了我中西合璧的婚礼，并开始准备完美的28岁在顶尖商学院生小孩的计划。生活到这个时候，虽然很辛苦，一直都很所谓完美。然而，关上门回到家里，问题却非常深刻。"

这段看似完美的婚姻，没有维持长久，她离婚了。"……在我总算能够决定摆脱婚姻的枷锁，父母的忧虑，去面对自己的独立性，寻找自己幸福的同时，也正是我毛毛虫脱茧的时刻。我要飞，蓝天才是我的未来，我一切都不管了，我再也不要被人唾弃地以他人的标准去循规蹈矩地爬了！"可是，她心中对于完美的追求，并没有因为婚姻失败而降低档次，她更加努力地修炼自己，以达到自己心中完美的标准。

在博客中，她说："在游学这方面，我到现在为止走访了35个国家和地球两极，上了西藏，下了深海，探访了宗教圣地耶路撒冷两次。而在拜师方面，我已经有不下十位完全不同的我敬重为老师的人，从医学，到艺术，到商业，到人文，到体育竞技，我都在马不停蹄地补课。我现在才意识到，人类社会里面的真知，我今年才勉强找到门。从这一刻开始，做到世界级，每一步都将非常艰难。每一个小小的进步，都会越来越难以达到，而我将会为此付出一生的精力。"

虽然有这样的豪言壮语，她还是没有达到自己心中的要求，最终选择用一种决绝的方式结束了自己的生命，只留下众人的一声声叹息。

凡求完美，必有伤害。每个人心中其实都有两个我：一个完美的，一个不完美的。就像阴阳太极图的两面，失去了哪一个，另一个也无法单独存在。但是，在我们所受的教育中，我们被要求成为的是一个全能的神，所以我们对自己不满，却忘记了：那个完美本就是虚幻，而真实的自己虽不完美，却完整。

人之所以会追求完美，是希望成为一个更好的人，而一旦出现"更好的人"的想法，就一定在心里存在了一个"不太好的人"，这个不太好的人就是自己。所以，他们在心理上就会否定这个不好的人，从

第八章 等待：一个人的蜕变

而不愿意接受自己。

但这个"好"与"不好"是谁评判的呢？它的评判标准是什么呢？是你的大脑，是你大脑中的两个思想在对抗。思想又是从哪儿来的呢？思想是父母、老师、社会……强加给你的，所以动物不会觉得自己不够好，它们就只是存在着，只有人，总是觉得自己不够好。

有一个身上有缺口的圆，它为了找到自己失去的圆满，去找缺失的那一角。它去了森林，经过河流，结识了很多朋友。终于，它找到了那一角，变成了一个完整的圆。

因为没有了缺口，它快速地转动起来，都没有闲暇欣赏身边的河流、森林。最后，它将自己好不容易找到的那一角扔掉了。

不完美本身就是一种完美，因为你将永远拥有追求完美的动力。接受自己的不完美，接受人生的不完美，是我们应有的权力。就像《青春里最后的任性》里的一段话："这个世界上你认识那么多的人，那么多人和你有关，你再怎么改变也不能让每个人都喜欢你，所以还不如做一个自己想做的人。人生都太短暂，去疯去爱去浪费，去追去梦去后悔。"

但是，这里说的要接纳不完美的自己，并不是要对自己的不完美不闻不问，破罐破摔。正确的接纳是包容，不是纵容。

每个人的心里都有阴暗的一面，比如胆怯、贪婪、恼怒、自私、懒惰、丑陋、轻浮、脆弱、报复心、控制欲……我们想要隐藏，想要否认，想要逃避，但这些做法都不能消除它们，它们会悄悄潜伏在我们的潜意识中，影响我们对自己的认同感。我们越回避它们，它们越会努力唤起我们的注意。

真正意义上的接受自己，是平等对待自己的每一种特质，既不彰显，也不压抑，对自己全然悦纳。正是这些与生俱来的特质，和生命中的缺陷，成就了今天的你。不要上了完美的当，你的存在就已经是造物主最大的完美。

如果你现在已经想要改变，想要接受不是那么完美的自己，就尝试着和自己的内心和解吧，学会对自己说：

我是世界上独一无二的我，我不要求自己十全十美；我接受不够完美的我；我不要求事事完美；我不需要演出别人喜欢的样子；我不再关注"别人会怎么看我"这个问题；我接受失败的自己；我接受努力坚持的自己；我接受过得不好的自己，我接受我自己的外表，接受每一个我曾经认为的缺陷……并对它们说：谢谢你。

第八章 等待：一个人的蜕变

多关心父母

少年的时候总想离家，家里太小太压抑，盛不下心中的种种非凡梦想。很多人为了事业，为了自己的梦想在外漂泊，但身后总有两双慈爱的目光在关注着我们，关心我们的工作顺利不顺利，关心我们的生活过得好不好，而我们总是以忙为借口，很少回家看看爸妈。我们长大了，父母却老了。也许我们真的忙，忙工作，忙恋爱，忙生活，但也请在百忙中挤出点时间常回家看看。给他们带去一个笑脸、一声问候，爸妈就觉得很幸福、很欣慰了。

芳芳是个小有名气的歌手。正当她步入事业的成熟期，忙碌于一部新专辑的制作的时候，突然接到母亲打来的电话，说父亲病危，让她赶紧回家。

听到这个消息，她立即放下所有的工作，坐飞机赶回老家。她原本以为能见到父亲的最后一面，心里想着，父亲也许病得很严重或者正在抢救当中。没想到等她踏进家门，却听到母亲告诉她，父亲已经走了。芳芳一时接受不了这个事实，陷入极度的悲痛中不能自拔。

从小到大父亲都很疼她，视她为掌上明珠。父女俩的关系也一直很好，直到芳芳做出一个在父亲看来很不切实际，而且很荒谬的选择——她要独自北上，追寻自己的音乐梦想。

芳芳的父母都是普通的工人，家境很一般，而且芳芳长得也不是很出众的那种。父亲认为把音乐当成一种业余爱好是可以的，可作为职业对女儿来说有些不切实际。因此，父亲认为她的选择太幼稚，一直以来都坚决反对，想让她找份像会计、护士这一类大众化的工作。

但芳芳并没有轻易放弃自己的梦想，她背上行囊独自离开家，来到了陌生的大都市。她开始出入酒吧，靠唱歌挣钱养活自己，并执着地从事着音乐创作。虽然她也曾后悔自己的冲动，但为了向父母证明自己的选择是正确的，她甚至很少往家里打电话，她只希望自己能早早地出人头地，能够扬眉吐气地回家，让父母知道，你们女儿的选择是正确的。

芳芳做梦也没想到，父亲竟然在她即将奔向成功的那一刻，永远地离开了她。突然，她失去了奋斗的目标，失去了驱使自己前进的动力。她后悔自己太自私、太任性了，甚至在父亲要走的最后一刻都没有陪在他身边。父亲的离去给芳芳敲响了警钟，忽然，她发现母亲已经那么苍老了。她真的醒悟了，自己不能再忽略了母亲。她把母亲接到自己身边，好好孝敬她，珍惜母女俩共处的每一段时光。

第八章　等待：一个人的蜕变

树欲静而风不止，子欲养而亲不待。就像陈红的歌里唱的："找点空闲，找点时间，领着孩子常回家看看；带上笑容，带上祝愿，陪同爱人常回家看看……"我们生活里有很多较劲的对象，我们争着比谁过得好，比谁赚得多。唯一不能较劲的是自己的父母，有父母在，你就是个有人牵挂、有人疼爱的孩子，就是一个宝。珍惜每一次与父母相聚的时光吧，多陪陪他们，哪怕是给他们一个开心的笑脸、一句温暖的问候，他们都会感到很满足。他们期望的不是大富大贵的显赫，而是合家团聚、其乐融融的天伦之乐。等父母不在了，你有再多的时间和金钱也不能孝敬他们，那真是人生的一大悲哀，也是人生永远没办法弥补的痛。所以，尽孝要及早，不要给自己和父母留下遗憾。

只要双亲健在，他们就总是惦记着你。你只要有一点情况，立刻就会得到他们无条件的支持和无私的援助。我们时时都能享受到父母的恩情和付出。我们也可以听到他们的唠叨，那不断的唠叨里，有他们对当年的经验之谈，有对你现在任性的批评与规劝。也许，就是那些令人听腻了的唠叨，让我们学会了走好自己的人生之路吧。

只要父母健在，我们就可以尽孝尽责。要是能与父母住在一起，就多出力；要是不在一起，就多尽心。打个电话问候一下，在视频上聊聊天，寄点儿钱或者买些父母喜欢的物品，当然最好还是常回家看看。父母欣慰，我们开心，那才是一种天伦之乐，是一种特别的幸福。

也许很多人都会有这样的感觉：虽然和父母同住一个城市，但由

你好，我亲爱的独居时光

于事情太多，老是抽不出时间回家。总觉得走到哪里也是父母的孩子，他们总在那个老家守候着，回家多一回少一回无所谓。某一天听到某首歌，突然醒悟过来了。感到父母亲的牵挂是那样纯洁、无私和默然，如夜晚天空中的明月，安静地照耀在儿女们的心中。于是，回家的时候，站在门外，总感到内疚，像一个做了坏事的孩子将见到大人那样，心里忐忑不安，总好像谁在责备着自己。敲门的时候，猜想着父母正在家做什么事。进了家门，看到父亲头上花白的头发，母亲渐渐苍老的脸庞，就会有一种心痛的感觉。

子欲孝而亲不在，这种巨大的遗憾还继续发生在很多人身上。虽然父母不能解决你目前的很多实际问题，但当你见到他们的那一瞬间，你也许就会发现，原来自己并不是孤单的一个人。还有他们在，这还不够吗？

第八章　等待：一个人的蜕变

寻找失去联系的往昔朋友

　　一个人无聊的时候，特别希望能有人主动找自己说说话，但是细数起来，可倾心交谈的朋友少之又少。年纪渐长，曾经的朋友都有了各自的家庭和生活。有时想打个电话问候一下，又怕太长时间没有联系，显得太过唐突，惊扰了别人的生活。

　　就这样，因为这样或那样的原因，和很多朋友联系得越来越少，有的根本就联系不上了。于是，慢慢地，自己也学会了在网上隐身，因为没有人可以说话，手机里除了公事电话，变得越来越寂静。其实，并不是朋友走了多远，他们大多仍在这个城市之中，可能在某一个时刻就能擦肩而过；可能在某个共同的朋友圈子中，还能零星听到他们的某些消息，只要想联系，马上就能联系得到。

　　但真的要这样做吗？现在的生活已经很忙碌，已经没有办法在他们身上花更多的时间。他们或许早已忘记曾经的友谊了吧？你们彼此都这样想着，但谁也没有说出口……

你好，我亲爱的独居时光

上个周末，千寻在公交车站等车的时候，遇见了一位很久不见的老朋友。如果在家乡那座小城里，发生这种事并不算稀奇，但是在这离家千里之外的城市中，绝对是标准的小概率事件。所以，千寻刚开始并不确信，直到那个老朋友叫出了她的名字，她才欣喜地跑过去"相认"。

虽然已经七八年没有见面，但彼此面貌上的变化并不是很大。两个人都想说点什么，却不知从何开头。她说自己过去一直很忙，其实早知道千寻也在这个城市，但总是忘了联系。千寻说我也是一样。寒暄了几句，便没有了话题。

正好公交车来了，终于打破了两个人无话可聊的尴尬。千寻上了车，心里不由得浮起一丝愧疚，仿佛自己没有尽到什么责任一样，有那么点罪恶感浮上心头。从车窗向外看，看见对方也还在原地若有所思的样子。千寻叫了她一声，她立刻抬起头。千寻摇了摇电话，说了句"回头联系！"公交车便开走了。

靠在车座上，千寻舒了一口气，心里却还是闷闷的，既有些高兴，也有些害怕。高兴的是对方还是原来的样子；害怕的是自己直到现在，仍然没有值得夸耀的境遇：虽然快要"奔三"了，但仍然孑然一身，过着朝九晚五的生活。这样一个人生活的自己，虽然嘴上说了"回头联系"，但十有八九又是再不联系了吧，千寻对自己的勇气毫无信心。

第八章 等待：一个人的蜕变

自从那次"街头偶遇"后，已经过去了两天的时间，千寻和她的那位老朋友都没有接到对方打来的电话。虽然这个结果在自己的意料之中，但千寻的心里还是觉得有一丝失望：原来年少时的友谊终究敌不过时间啊。

一个人回到家，没有吃晚饭。想起家里还有昨天剩下的速冻饺子，便随便在锅里煮了煮，在汤里放了些紫菜和虾皮，煮熟以后，打开电脑里的《樱桃小丸子》，边吃边看。突然又想起了高中的时候，和朋友一起在学校门口吃馄饨的情景。那个时候的自己还对未来有很多憧憬和幻想，就像小丸子一样无忧无虑，而且，身边还有好朋友小玉和其他很多朋友。但是，就连小丸子和小玉在长大以后的聚会上都变得生疏了，自己的"小玉"又怎么能保证永不变质呢？何况，就算"小玉"没变，自己也已经不是曾经的自己了。

即使这样自己安慰着自己，千寻的心里还是七上八下，好几次都仿佛听见电话响了，打开一看却还是自己的手机屏幕。最终，千寻把心一横，主动打了过去。对方很快就接听了。少了见面的尴尬，两个人相谈甚欢，一直聊到了手机没电才挂断电话。

结束了和老朋友的畅谈，千寻意犹未尽：要是早打这个电话就好了，干吗总要为谁先谁后斤斤计较呢？几天以来一直存在心里的焦虑感也立刻烟消云散了。

其实，在我们的生活中，有很多像千寻一样"爱你在心口难开"

的人，尤其是成年以后，曾经的朋友都开始有了自己的生活，不同的生活轨迹、不同的生活圈子、不同的生活区域等变化，让我们逐渐从彼此圈子的中心，退到了圈子的边缘，直至慢慢消失。即使有一天想要再联系，也总会因为这样或那样的理由而作罢，其实种种理由的背后，不过是一种胆怯罢了。每个人都等着对方先联系，结果谁都没有等到。

既然这样，为何不自己迈出这一步呢？如果你不想再在一个人的星期天，抱怨"没有人联系我"的话，不妨从现在开始，寻找那些失去联系的往昔的朋友吧！

1.利用搜索引擎和社交网络寻找"消失"的朋友："鸿雁传书"的时代已经过去了，现在人与人之间的联系方法也越来越多元化：QQ、MSN、邮箱、人人网、微博、微信……只要你想找到他/她，就一定可以找得到。

2.主动联系："上次是我主动打给她的，这次她要主动打给我……"类似这种矫情的小心思，可以和男朋友去玩。如果是关系好的同性朋友，就别纠结这种小问题了，打自己的电话，让她愧疚去吧。

3.变单线联系为多线联系：女人的友谊一般都是一对一的，单线联系，像地下党接头一样，一旦一方断线，另一方就容易失去与组织的联系。防止这种后果的最好办法就是：将现在的关系线变为关系网。例如出去玩的时候，可以把你的小学同学介绍给你的初中同学，把你的初中同学介绍给你的大学同学。大家玩在一起，既能拓展人脉关系，还能减少你一个人维系友谊的压力。

第八章 等待：一个人的蜕变

4.找到联系的切入点：如果找不到合适的联系时机，可以在生日、过年、过节的时候打个电话，不要发短信。

5.不要怕麻烦别人：朋友的作用就在于分担快乐和痛苦。有什么开心的可以说出来，大家一起开心；有什么不开心的也可以说出来，让大家为你排忧解难。

6.坦诚：在人类最受欢迎的品德前五名中，有五种是和诚实有关的；在人类最不受欢迎的品德前五名中，有五种是和不诚实有关的。和朋友相处也是如此，将自己的想法坦诚地表达出来，不要伪饰自己的生活，朋友们自然会乐意与你相处。

如果把一个人生活的圈子比喻成一间屋子的话，那么一个朋友就是你的一扇窗。平常没事的时候，要多给窗户掸掸灰、擦擦亮。这样，当你在生活中感觉喘不过气的时候，还可以透过窗户看看外面的世界，呼吸呼吸新鲜的空气，别再用忙碌当借口，让窗户积上厚厚的灰尘了。

永远怀着一颗感恩之心

放眼自然,其实人是最不知道感恩的一种生物。他们在顺境的时候,总觉得一切都是理所当然的,是自己依靠努力得来的;一旦遭遇逆境,就觉得天都塌了,只想放声大喊"为什么上帝对我如此不公?""为什么偏偏要选我?"

然而,你不曾想过,在顺境的时候,你又做了什么呢?那个时候,你为什么不抱怨上帝为什么偏偏选你呢?

古语有云:"达则兼济天下,穷则独善其身。"人总是在不顺或跌到谷底的时候,才去想"我是谁?",而在顺境中第一个忘的也是"我是谁?"。这是愚蠢之人的通病。我们之所以成为现在的样子,要感谢父母给了自己生命,感谢老师教给自己丰富的知识,感谢恋人给予自己无限的怜爱,感谢自己出生在和平的、没有战乱的年代。只有拥有这样一颗感恩的心,才会更明白自己的位置,不会平添许多类似于无病呻吟的烦恼。

第八章　等待：一个人的蜕变

在一个闹饥荒的城市，一个家庭殷实、心地善良的面包师把城里最穷的几十个孩子聚集到一块儿，然后拿出一个盛有面包的篮子，对他们说："这个篮子里的面包你们一人一个，在上帝带来好光景以前，你们每天都可以来拿一个面包。"

瞬间，这些饥饿的孩子仿佛一窝蜂一样拥了上来，他们围着篮子推来挤去大声叫嚷着，谁都想拿到最大的面包。他们都拿到了面包后就纷纷散去，竟然没有一个人向这位好心的面包师说声谢谢。

但是有一个叫依娃的小女孩却例外，她既没有同大家一起吵闹，也没有与其他人争抢。她只是谦让地站在一步以外，等别的孩子都拿到以后，才把剩在篮子里的最小的一个面包拿起来。然而，她并没有急于离去，她向面包师表示了感谢，并亲吻了面包师的手之后才向家走去。

第二天，面包师又把盛面包的篮子放到了孩子们的面前，其他孩子依旧如前一天一样疯抢着，而羞怯、可怜的依娃只得到一个比头一天还小一半的面包。当她回家以后，妈妈切开面包，许多崭新得闪闪发亮的银币掉了出来。

妈妈惊奇地叫道："立即把钱送回去，一定是揉面的时候不小心揉进去的。赶快去，依娃，赶快去！"当依娃把妈妈的话告诉面包师的时候，面包师面露慈爱地说："不，我的孩子，这没有错。是我把银币放进小面包里的，我要奖励你。愿你永远保持现在这样一颗平安、感恩的心。回家去吧，告诉你妈妈，这些钱是你的了。"她激动地跑回了家，告诉了妈妈这个令人兴奋的消息，这是她的感恩之心得到的回报。

小女孩依娃那么小的年龄，在那样贫困的环境下都能保持一颗感恩的心，不能不让人佩服。也正是这样一颗感恩的心，让她赢得了更多的帮助和爱。

想想如今竞争激烈的职场，多少职业女性整天周旋在复杂的同事关系中，搞得身心疲惫不说，也或多或少令自己的日常生活受到了不好的影响。与其终日愁眉不展、绞尽脑汁去对付彼此，不如用一颗感恩的心，对待你的同事、你的上级、你的朋友，说不定你也会得到更多的回报。

不管你现在处在顺境还是逆境，都要知道自己是谁。顺境时不要忘乎所以，逆境时不要自怨自艾。不管外界的环境怎么变，不管别人的评价怎么样，不要让自己活在别人的口水之中，你的价值是由自己来体现的，你要转变心境，而不是要环境去适应你。

怀着一颗感恩的心，再看一看你身边的人和事，原来都是那么温暖与和谐。同事会对你露出笑容，是因为他真的想与你共同进步；上司一句严厉的话语中，也会透露出对你的关爱。你会真正意识到：花儿之所以那般艳丽，是因为它在感激泥土的栽培；小草之所以如此坚强，是因为它在报答大自然给了它生命；大树之所以那样粗壮，是因为它在感谢土壤中的养分……眼前的一切之所以美丽，是因为你拥有了一颗感恩的心。

千万不要小瞧这颗感恩的心，它是你茫茫大海中的指向标，是你通向成功彼岸的风帆。女人，拥有了感恩的心，你就会感激你现在拥有的一切，幸福会时刻包围着你。